EL LIBRO PERTENECE
A

_____

TABLA DE CONTENIDO

TABLA DE CONTENIDO

SECCIÓN 1. RINOCERONTE

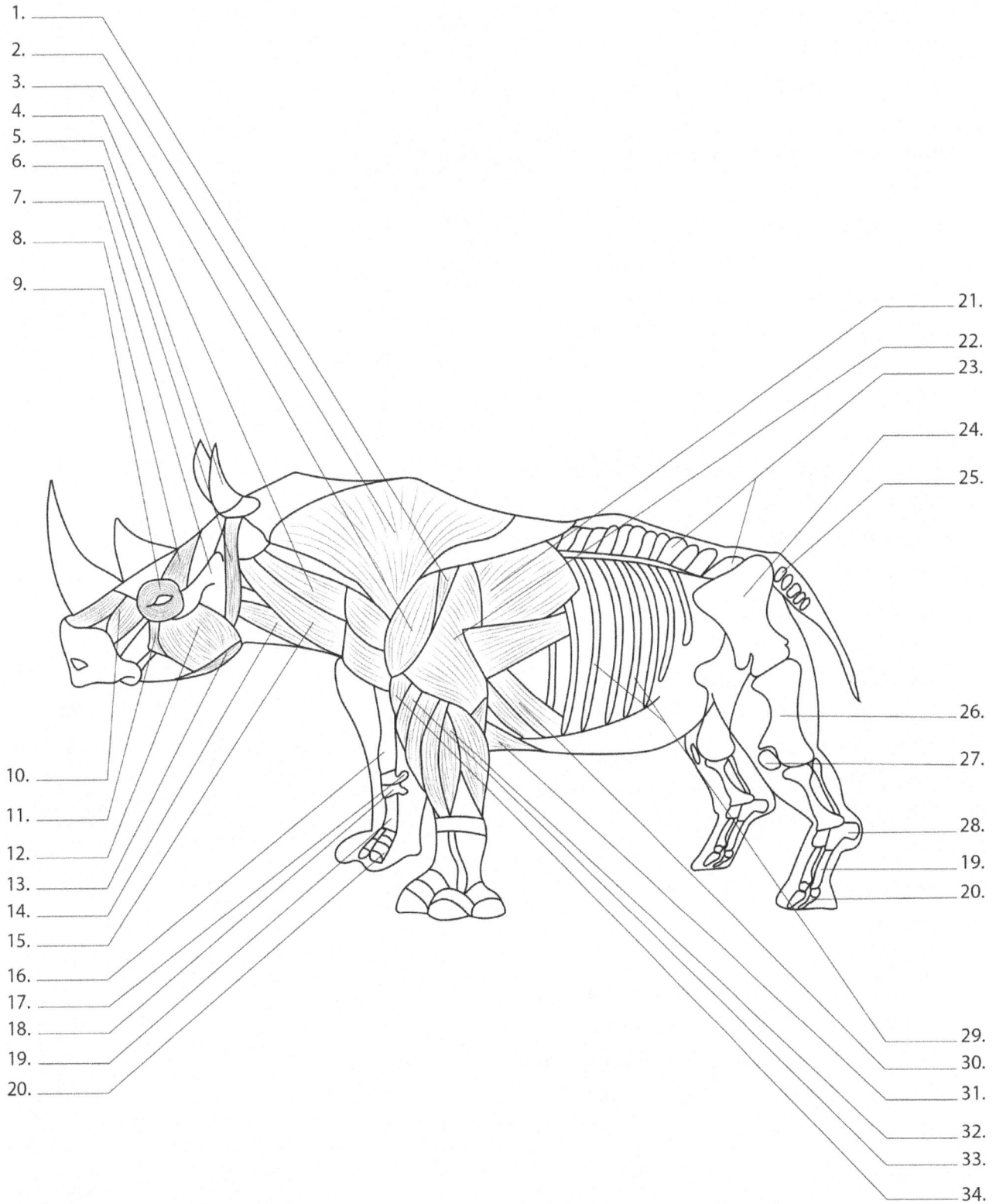

1.
2.
3.
4.
5.
6.
7.
8.
9.

21.
22.
23.
24.
25.

26.
27.

28.
19.
20.

10.
11.
12.
13.
14.
15.
16.
17.
18.
19.
20.

29.
30.
31.
32.
33.
34.

SECCIÓN 1. RINOCERONTE

1. Músculo redondo mayor
2. Músculo Trapecio
3. Músculo deltoides
4. Músculo esternocleidohioideo
5. Oreja
6. Músculo cigomático
7. Arco cigomático
8. Músculo temporal
9. Músculo orbicular de los ojos
10. Músculo elevador nasolabial
11. Músculo malar
12. Músculo masetero
13. Músculo milo-hióideo
14. Músculo digástrico
15. Músculo esternocleidomastoideo
16. Radio
17. Hueso pisiforme
18. carpo
19. Metacarpo
20. Falanges
21. Músculo latissimus dorsa
22. Músculo tríceps
23. vértebras lumbares
24. Pelvis
25. Vértebras caudales
26. Fémur
27. Rótula
28. Ancus
29. Costillas
30. Músculo oblicuo abdominal externo
31. Músculo pectoral ascendente
32. Músculos extensores de muñeca y dedos
33. Músculo extensor radial del carpo
34. Músculo braquial

SECCIÓN 2. LEÓN

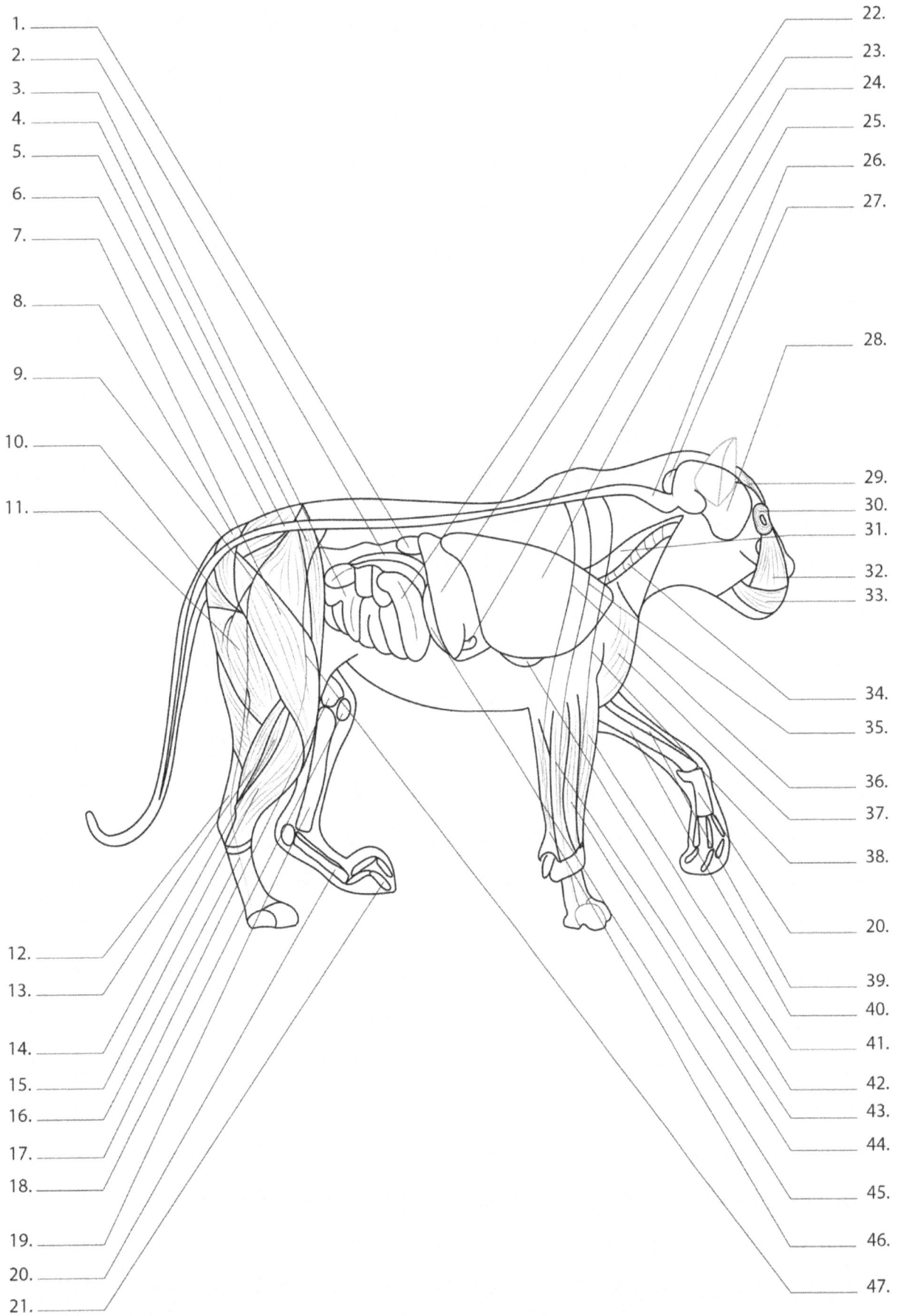

1.

2.

3.

4.

5.

6.

7.

8.

9.

10.

11.

12.

13.

14.

15.

16.

17.

18.

19.

20.

21.

22.

23.

24.

25.

26.

27.

28.

29.

30.

31.

32.

33.

34.

35.

36.

37.

38.

20.

39.

40.

41.

42.

43.

44.

45.

46.

47.

SECCIÓN 2. LEÓN

1. Riñón
2. Páncreas
3. Intestino delgado
4. Músculo sartorio
5. Médula espinal
6. Tensor muscular de la fascia lata
7. Músculo vasto lateral
8. Músculo glúteo mayor
9. Nervio ciático
10. Músculo caudal femoral
11. Bíceps femoral
12. Tendón de aquiles
13. Músculo peroneo largo
14. Músculo extensor largo de los dedos
15. Músculo tibial craneal
16. Nervio tibial
17. Fémur
18. Rótula
19. Tibia
20. Metatarso
21. Falanges
22. Intestino grueso
23. Hígado
24. Vesícula biliar
25. Pulmones
26. Tronco encefálico
27. Cerebelo
28. Hemisferio cerebral
29. Músculo temporal
30. Músculo orbicular de los ojos
31. Esófago
32. Músculo elevador nasolabial
33. Músculo orbicular de los ojos
34. Tráquea
35. Nervio medial
36. Nervio cubital
37. Músculo Braquiocefálico
38. Nervio radial
39. Radio
40. Cúbito
41. Músculo extensor de los dedos común
42. Corazón
43. Músculo extensor cubital del carpo
44. Músculo extensor lateral de los dedos
45. Estómago
46. Músculo flexor cubital del carpo
47. Nervio femoral

SECCIÓN 3. HIPOPÓTAMO

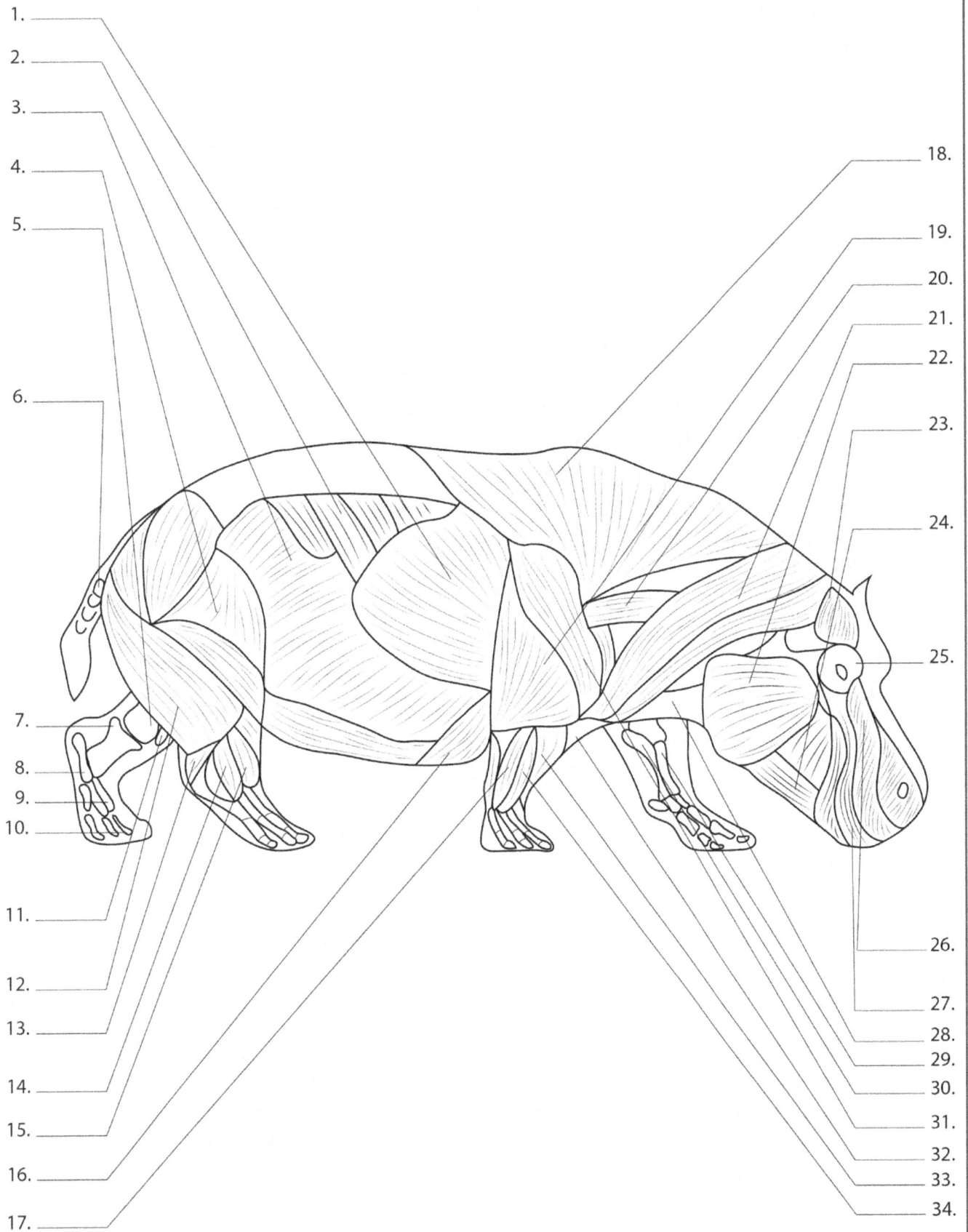

1.
2.
3.
4.
5.
6.
7.
8.
9.
10.
11.
12.
13.
14.
15.
16.
17.
18.
19.
20.
21.
22.
23.
24.
25.
26.
27.
28.
29.
30.
31.
32.
33.
34.

SECCIÓN 3. HIPOPÓTAMO

1. Músculo latissimus dorsi
2. Músculo serrato
3. Abdomen oblicuo muscular
4. Tensor muscular de la fascia lata
5. Fémur
6. Vértebras coccígeas
7. Peroné
8. Calcáneo
9. Metatarso
10. Falanges
11. Rótula
12. Músculo bíceps fémur
13. Flexor digital profundo del músculo
14. Músculo extensor digitorum pedis lsteralis
15. Músculo extensor largo de los dedos
16. Músculo pectoral
17. Músculo extensor cubital del carpo
18. Músculo Trapecio
19. Músculo tríceps
20. Músculo esplenio
21. Músculo Braquiocefálico
22. Músculo masetero
23. Músculo temporal
24. Músculo depresor del labio inferior
25. Músculo orbicular de los ojos
26. Labio elevador de músculo
27. Músculo orbicular de los ojos
28. Músculo esternocleidohioideo
29. Cúbito
30. Radia
31. Músculo deltoides
32. Músculo braquial
33. Músculo extensor radial del carpo
34. Músculo extensor digitorum communis

SECCIÓN 4. LORO

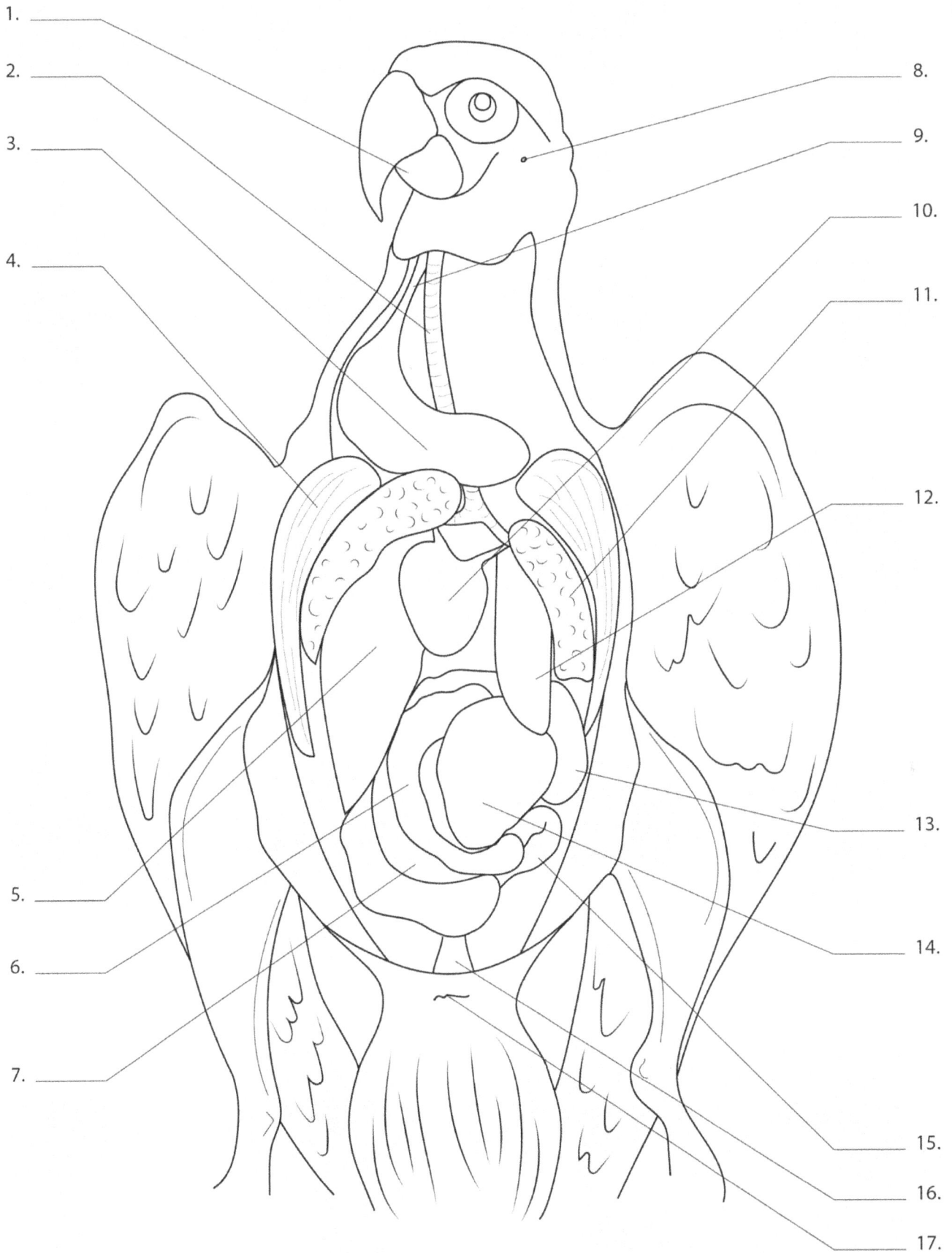

1.

2.

3.

4.

5.

6.

7.

8.

9.

10.

11.

12.

13.

14.

15.

16.

17.

SECCIÓN 4. LORO

1. Pico
2. Traqueos
3. Cultivo
4. Músculo pectoral
5. Hígado
6. Duodeno
7. Páncreas
8. Oreja
9. Esófago
10. Corazón
11. Pulmones
12. Proventrículo
13. Riñón
14. Ventrículo o molleja
15. Intestino delgado
16. Cloaca
17. Ano

SECCIÓN 5. CONEJILLO DE INDIAS

1.

2.

3.

4.

5.

6.

7.

8.

9.

10.

11.

12.

13.

14.

15.

16.

17.

18.

19.

20.

21.

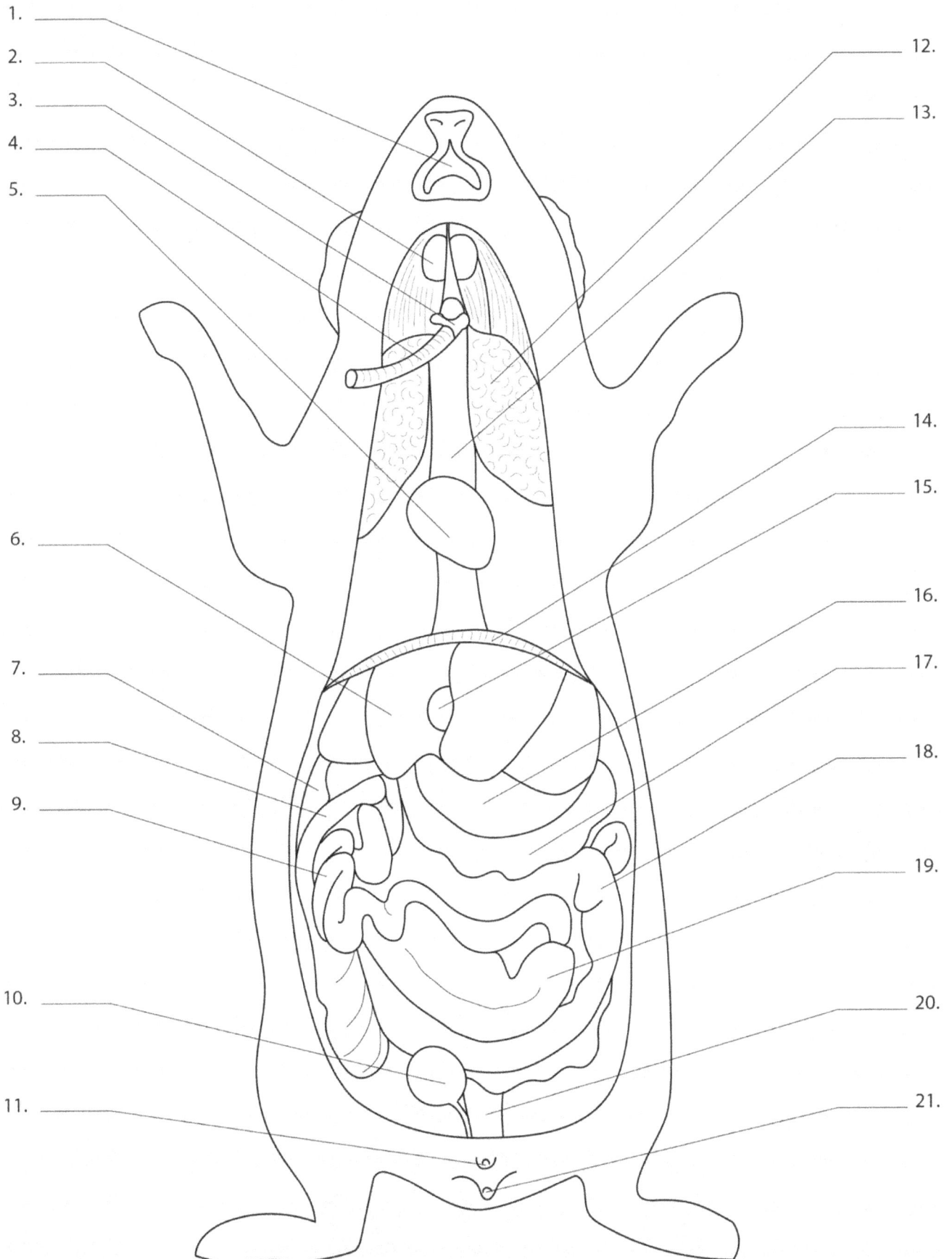

SECCIÓN 5. CONEJILLO DE INDIAS

1. Boca
2. Glándula submaxilar
3. Laringe
4. Tráquea
5. Corazón
6. Hígado
7. Yeyuno
8. Duodeno
9. Íleon
10. Vejiga
11. Uretra
12. Pulmones
13. Esófago
14. Diafragma
15. Vesícula biliar
16. Estómago
17. Colon transverso
18. Colon ascendente
19. Intestino ciego
20. Recto
21. Ano

SECCIÓN 6. LAMA

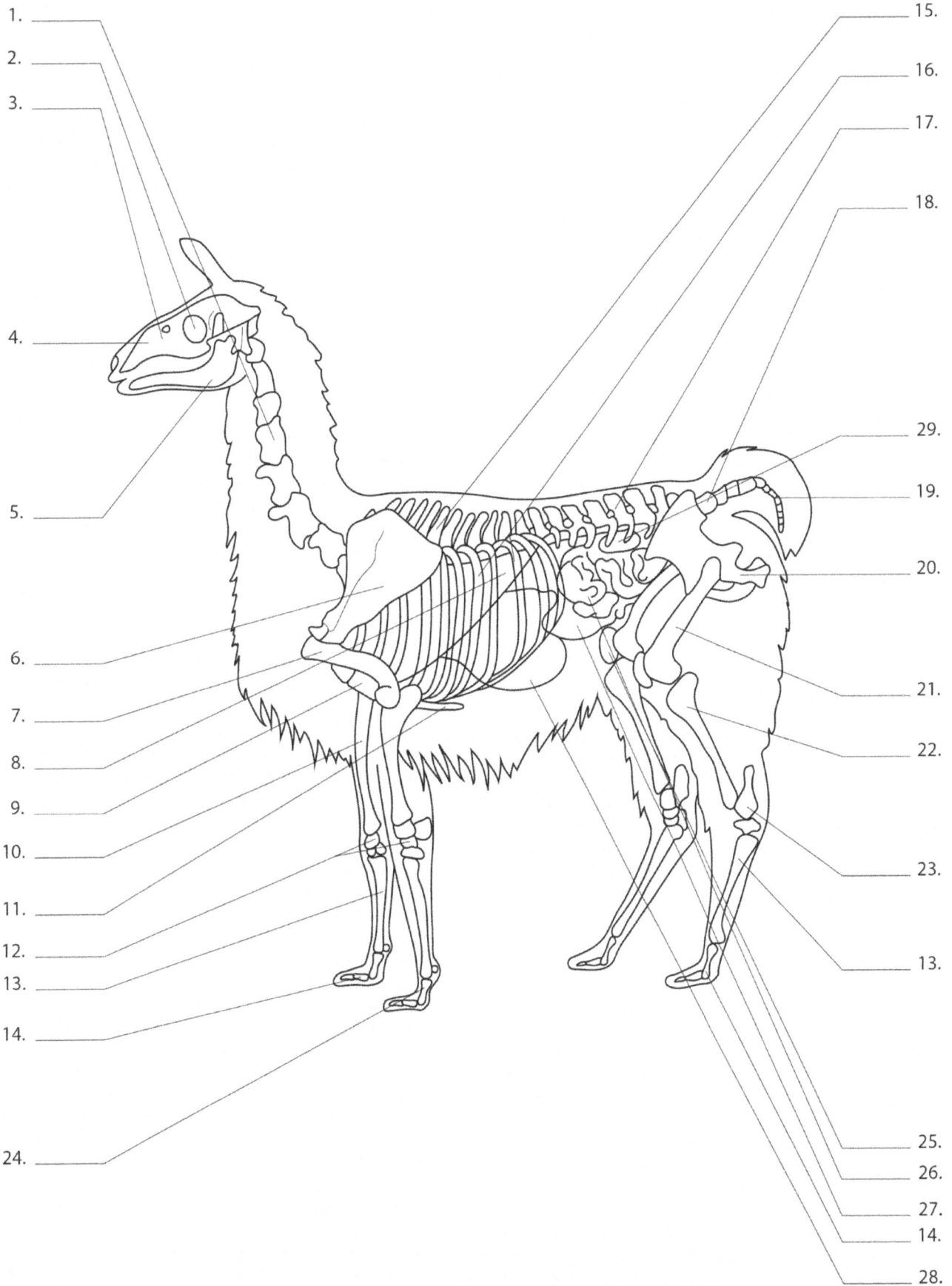

1.

2.

3.

4.

5.

6.

7.

8.

9.

10.

11.

12.

13.

14.

24.

15.

16.

17.

18.

29.

19.

20.

21.

22.

23.

13.

25.

26.

27.

14.

28.

SECCIÓN 6. LAMA

1. vértebras cervicales
2. Orbita
3. Cráneo
4. Maxilar
5. Mandíbula
6. Escápula
7. Húmero
8. Livianos
9. Esternón
10. Radio
11. Apófisis xifoides
12. carpo
13. Metacarpus (cañón)
14. Falanges
15. Vértebras torácicas
16. Costillas
17. vértebras lumbares
18. Sacro
19. vértebras caudales
20. Pelvis
21. Fémur
22. Tibia
23. Tarso
24. Cuartilla
25. Rótula
26. Intestino delgado
27. Estómago
28. Hígado
29. Riñón

SECCIÓN 7. AVESTRUZ

1.
2.
3.
4.
5.
6.
7.
8.
9.
10.
11.
12.
13.
14.
15.
16.

17.
18.
19.
20.
21.
22.
23.
24.
25.
26.
27.
28.
29.
30.

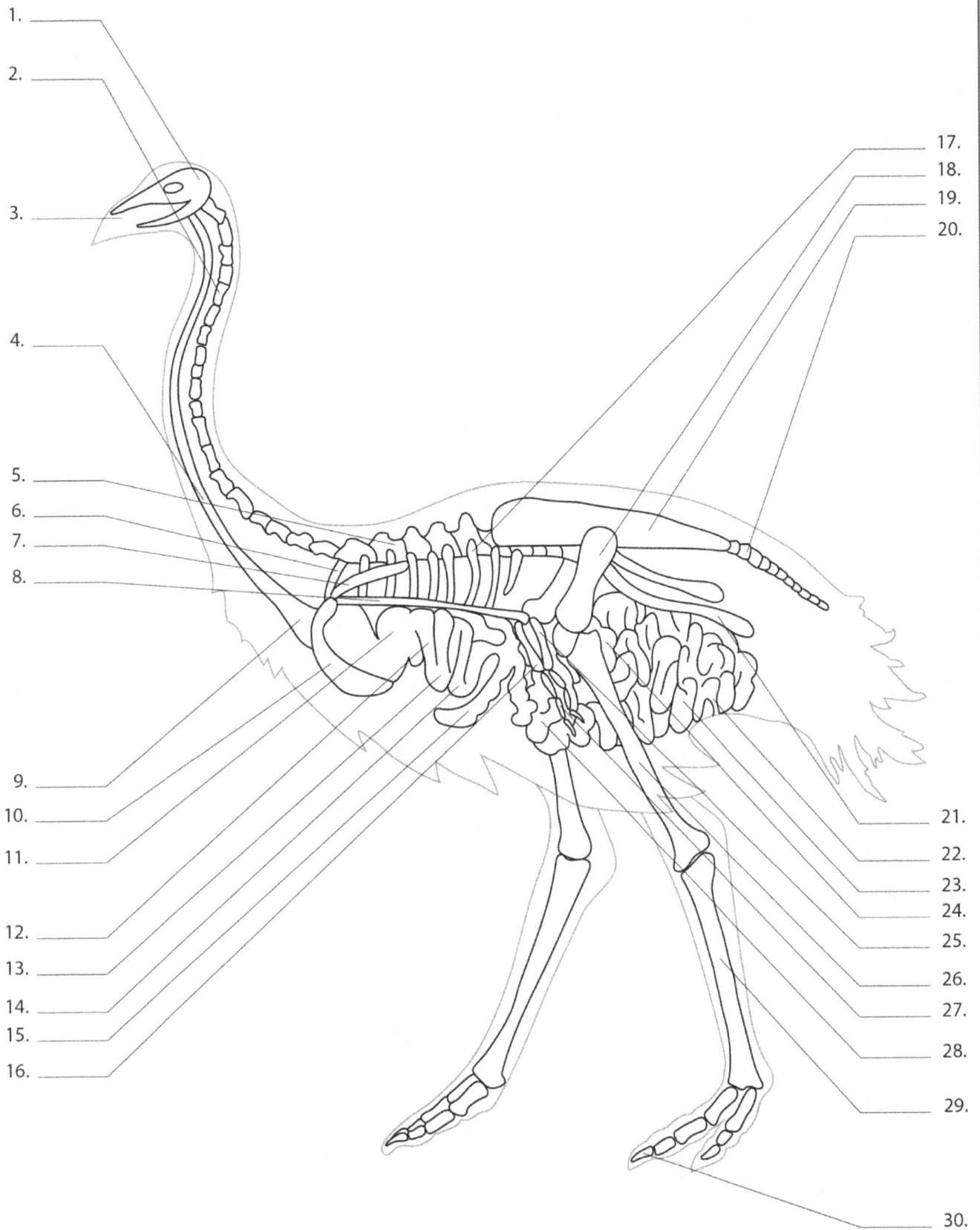

SECCIÓN 7. AVESTRUZ

1. Cráneo
2. vértebras cervicales
3. Boca y pico
4. Esófago
5. Vértebras torácicas
6. Clavícula
7. Escápula
8. Húmero
9. Proventrículo
10. Esternón
11. Molleja
12. Duodeno
13. Yeyuno
14. Íleon
15. Intestino ciego
16. Radio
17. Costillas
18. Fémur
19. Pelvis
20. Vértebras caudales
21. Pubis
22. Cloaca
23. Colon distal
24. Colon medio
25. Cúbito
26. Tibiotarso
27. Falanges
28. Colon proximal
29. Tarsometatarso
30. Falange pedal

SECCIÓN 8. ESCORPIÓN

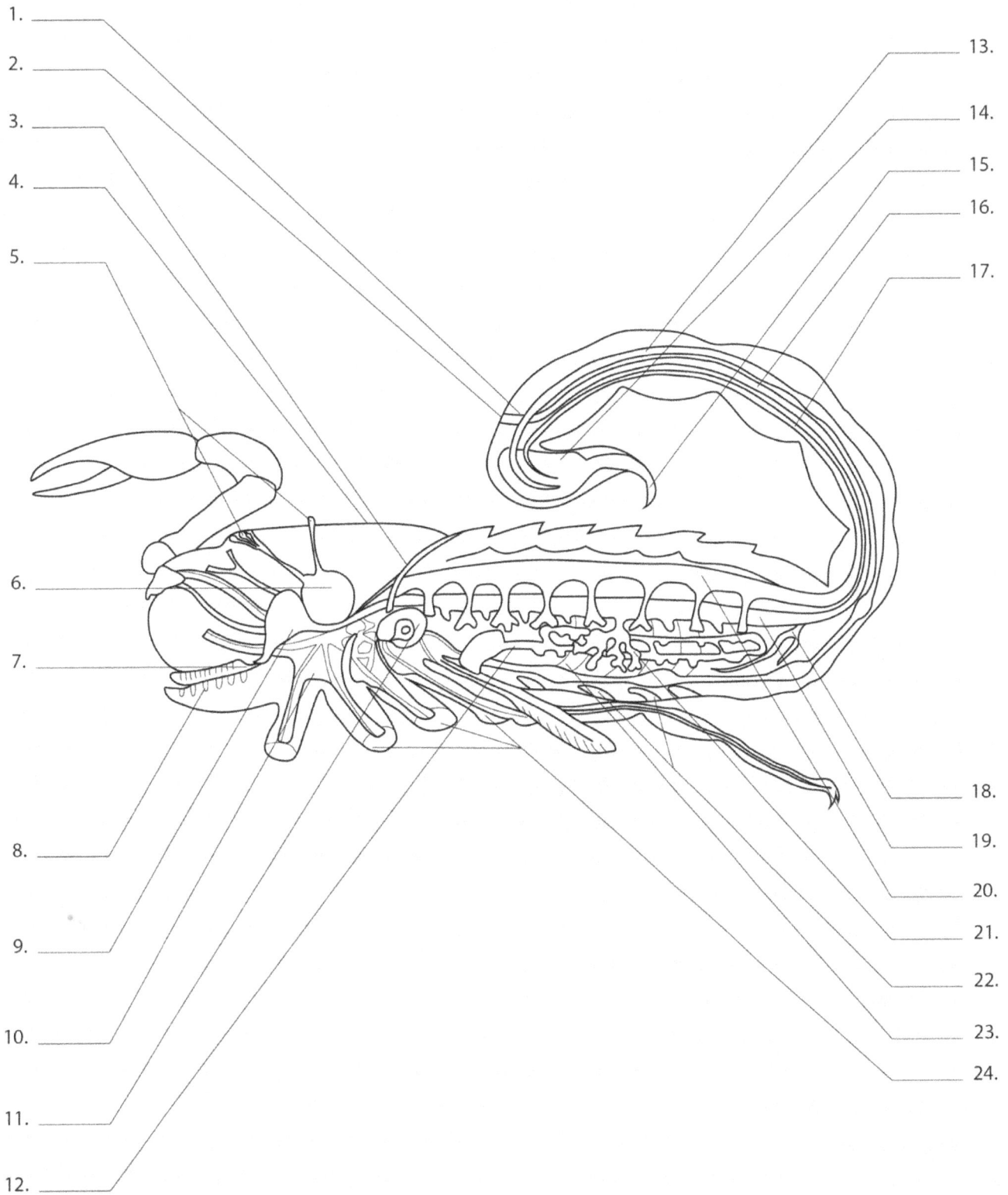

1.

2.

3.

4.

5.

6.

7.

8.

9.

10.

11.

12.

13.

14.

15.

16.

17.

18.

19.

20.

21.

22.

23.

24.

SECCIÓN 8. ESCORPIÓN

1. Fermentación
2. Válvulas del ano
3. Diafragma
4. Escudo de Prosome
5. Ojos
6. Cerebro
7. Boca
8. Glándulas gnathocoxales
9. Faringe
10. Masa nerviosa subesofágico
11. Glándulas coxales
12. Sistema genital
13. Cordón nervioso
14. Vesícula de veneno
15. Picadura
16. Íleon
17. Arteria sub intestino
18. Trompas de Malpighi
19. Intestino medio
20. Corazón
21. Glándula digestiva
22. Pulmones en libro
23. Seno venoso
24. Piernas

SECCIÓN 9. CAMELLO

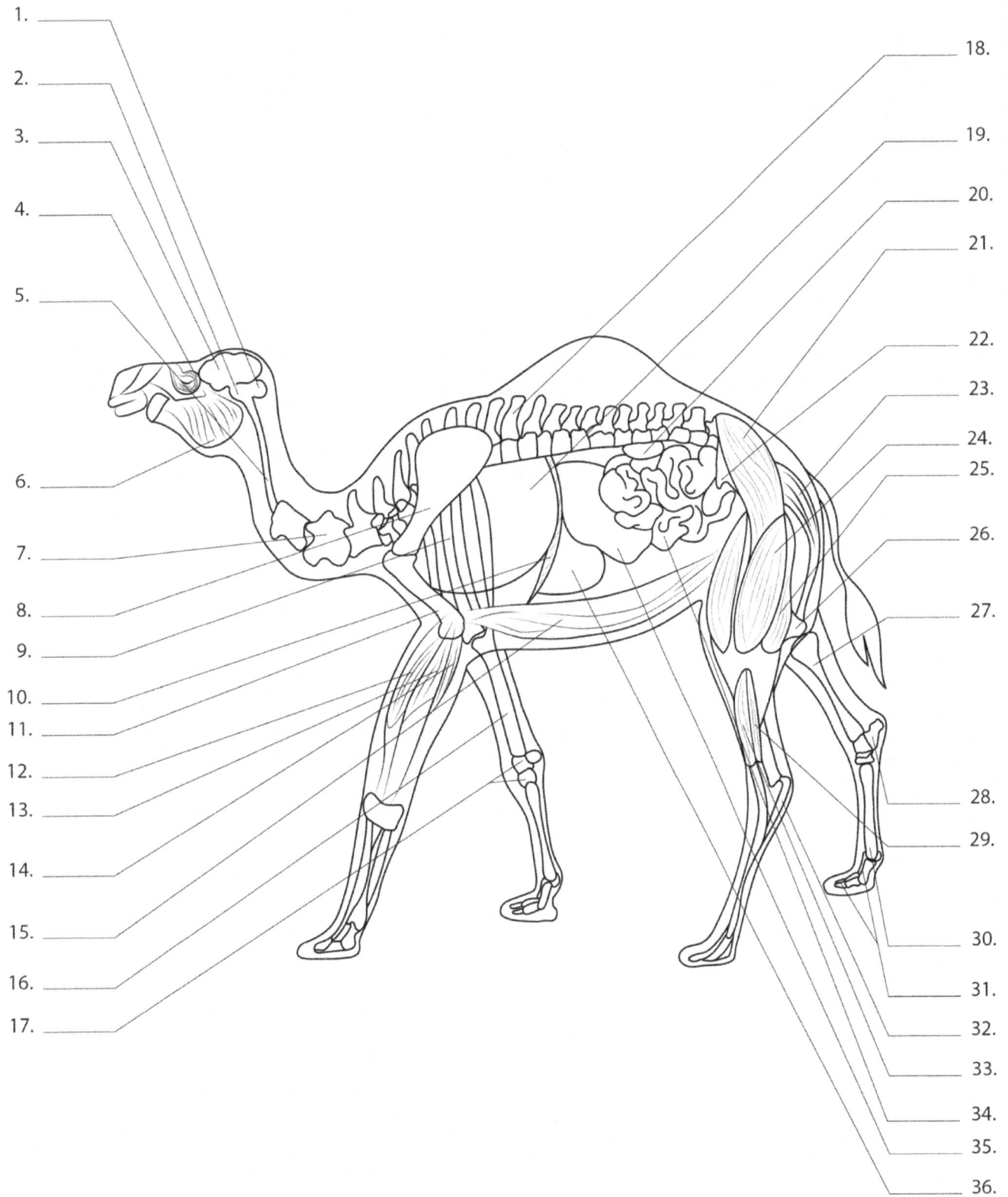

1.

2.

3.

4.

5.

6.

7.

8.

9.

10.

11.

12.

13.

14.

15.

16.

17.

18.

19.

20.

21.

22.

23.

24.

25.

26.

27.

28.

29.

30.

31.

32.

33.

34.

35.

36.

SECCIÓN 9. CAMELLO

1. Cerebelo
2. Hemisferio cerebral
3. Tronco encefálico
4. Orbicularis oculi
5. Médula espinal
6. Masetero
7. vértebras cervicales
8. Escápula
9. Costillas
10. Diafragma
11. Húmero
12. Músculo braquiorradial
13. músculo extensor de los dedos del común
14. Músculo extensor cubital del carpo
15. Músculo pectoral
16. Radio
17. Huesos del carpo
18. Vértebras torácicas
19. Pulmones
20. Riñón
21. Músculo glúteo medio
22. Pelvis
23. Coxígeo
24. Músculo bíceps femoral
25. Músculo semimembranoso
26. Fémur
27. Tibia
28. Hueso del tarso
29. Músculo peroneo largo
30. Hueso cáñon
31. Falanges
32. Tendón de aquiles
33. Músculo extensor de los dedos
34. Intestino delgado
35. Estómago
36. Hígado

SECCIÓN 10. CANGURO

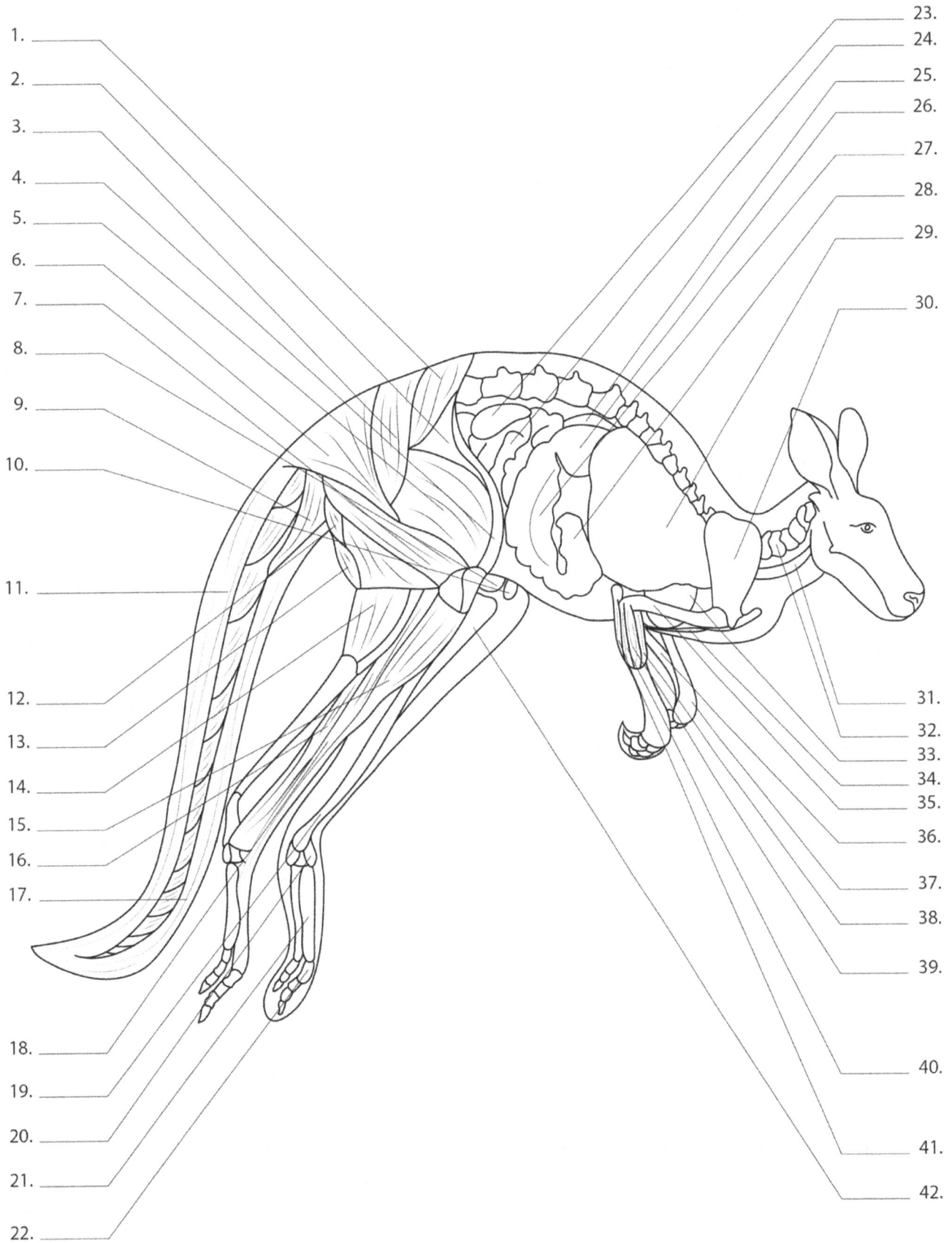

1.

2.

3.

4.

5.

6.

7.

8.

9.

10.

11.

12.

13.

14.

15.

16.

17.

18.

19.

20.

21.

22.

23.

24.

25.

26.

27.

28.

29.

30.

31.

32.

33.

34.

35.

36.

37.

38.

39.

40.

41.

42.

SECCIÓN 10. CANGURO

1. Músculo glúteo médio
2. Músculo tensor de la fascia lata
3. Músculo glúteo superficialis anterior
4. Músculo sartorio
5. Músculo vasto lateral
6. Músculo glúteo superficialis posterior
7. Bíceps femoral
8. Fémur
9. Coccígeo muscular
10. Rótula
11. Músculo sacrocaudalis dorsalis
12. Músculo semitendinoso
13. Músculo semimembranoso
14. Músculo gastrocnemio
15. Músculo recto abdominal
16. Músculo flexor profundo de los dedos
17. Músculo sacrocaudalis ventralis
18. Músculo peroneo largo
19. Peroné
20. Tarsiano
21. Metatarso
22. Falanges
23. Riñón
24. Intestino delgado
25. Hígado
26. Estómago trasero
27. Estómago tubiforme
28. Estómago saciforme
29. Pulmones
30. Escápula
31. Esófago
32. vértebras cervicales
33. Corazón
34. Esternón
35. Húmero
36. Cúbito
37. Radio
38. Músculo extensor radial del carpo
39. Músculo extensor digitorum communis
40. Músculo extensor lateral de los dedos
41. Músculo extensor cubital del carpo
42. Tibia

SECCIÓN 11. MURCIÉLAGO

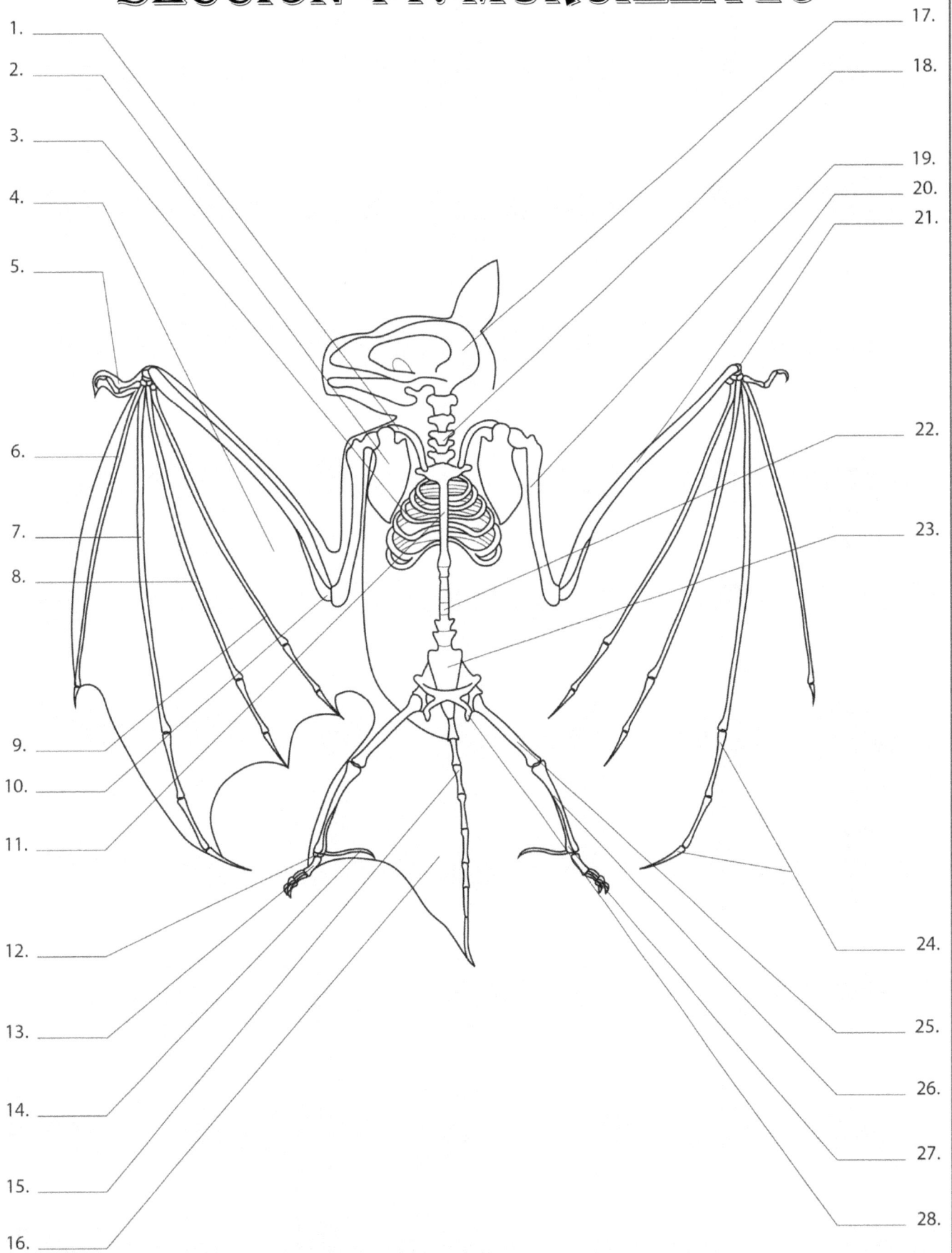

1.

2.

3.

4.

5.

6.

7.

8.

9.

10.

11.

12.

13.

14.

15.

16.

17.

18.

19.

20.

21.

22.

23.

24.

25.

26.

27.

28.

SECCIÓN 11. MURCIÉLAGO

1. Clavícula
2. Escápula
3. Costilla
4. Membrana de ala
5. Pulgar
6. segundo dedo
7. tercer dedo
8. cuarto dedo
9. quinto dedo
10. Cúbito
11. Esternón
12. Tarso
13. Metatarso
14. Calcar
15. Vértebras caudales
16. Membrana de cola
17. Cráneo
18. vértebras cervicales
19. Clavícula
20. Húmero
21. carpo
22. vértebras lumbares
23. Sacro
24. Falanges
25. Fémur
26. Tibia
27. Peroné
28. Pelvis

SECCIÓN 12. LOBO

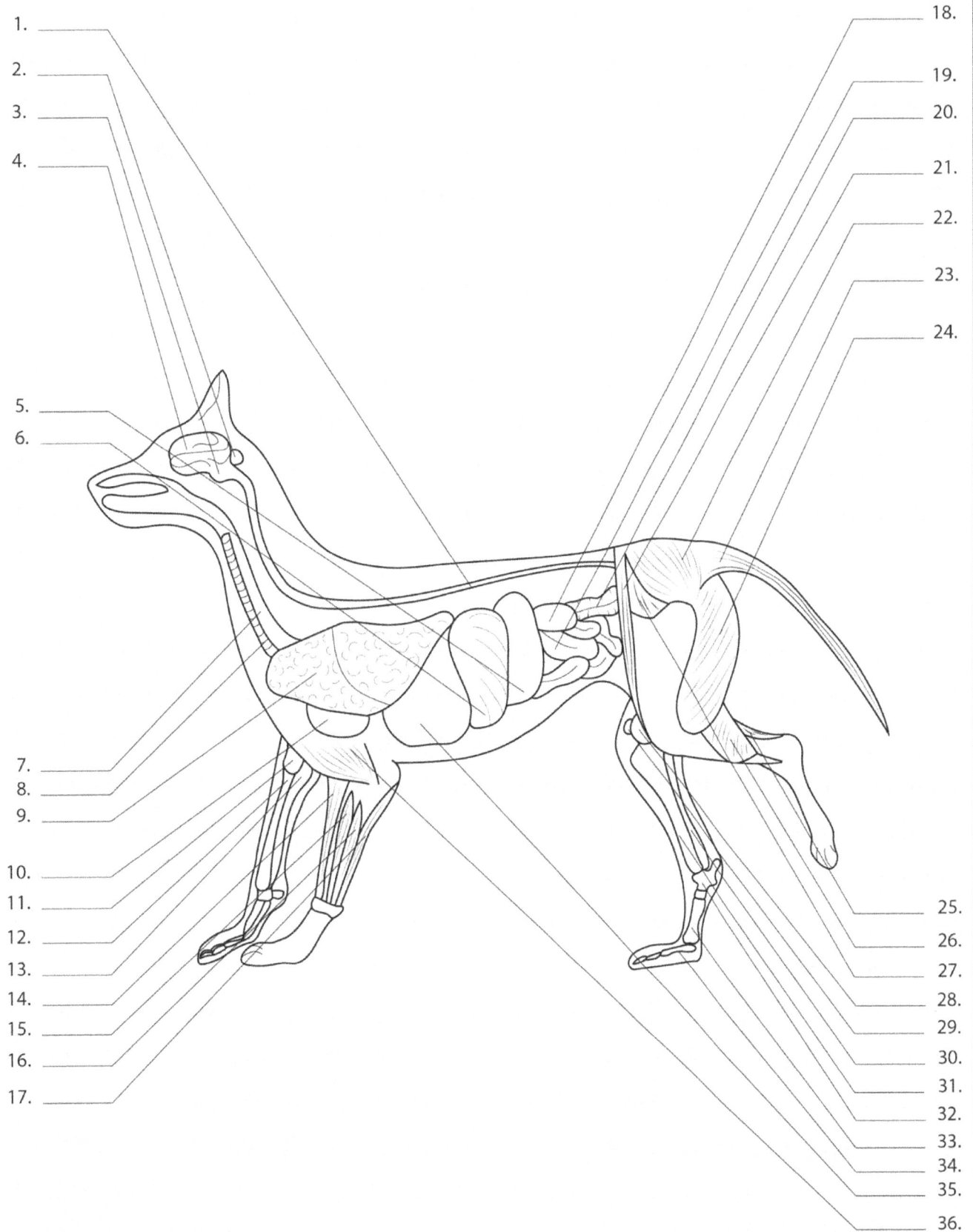

1.

2.

3.

4.

5.

6.

7.

8.

9.

10.

11.

12.

13.

14.

15.

16.

17.

18.

19.

20.

21.

22.

23.

24.

25.

26.

27.

28.

29.

30.

31.

32.

33.

34.

35.

36.

SECCIÓN 12. LOBO

1. Médula espinal
2. Cerebelo
3. Tronco encefálico
4. Hemisferio cerebral
5. Bazo
6. Estómago
7. Esófago
8. Tráquea
9. Livianos
10. Corazón
11. Húmero
12. Radio
13. Cúbito
14. Músculo extensor radial del carpo
15. Músculo extensor digitorum communis
16. Músculo extensor cubital del carpo
17. Músculo flexor cubital del carpo
18. Riñón
19. Intestino delgado
20. Colon
21. Músculo sartorio
22. Músculo glúteo médio
23. Levantador de músculos de la cola
24. Bíceps femoral
25. Músculo extensor largo de los dedos
26. Músculo peroneo brevis
27. Músculo glúteo superficial
28. Fémur
29. Rótula
30. Peroné
31. Tibia
32. Tarsiano
33. Metatarso
34. Falanges
35. Hígado
36. Músculo tríceps braquial

SECCIÓN 13. ZORRO

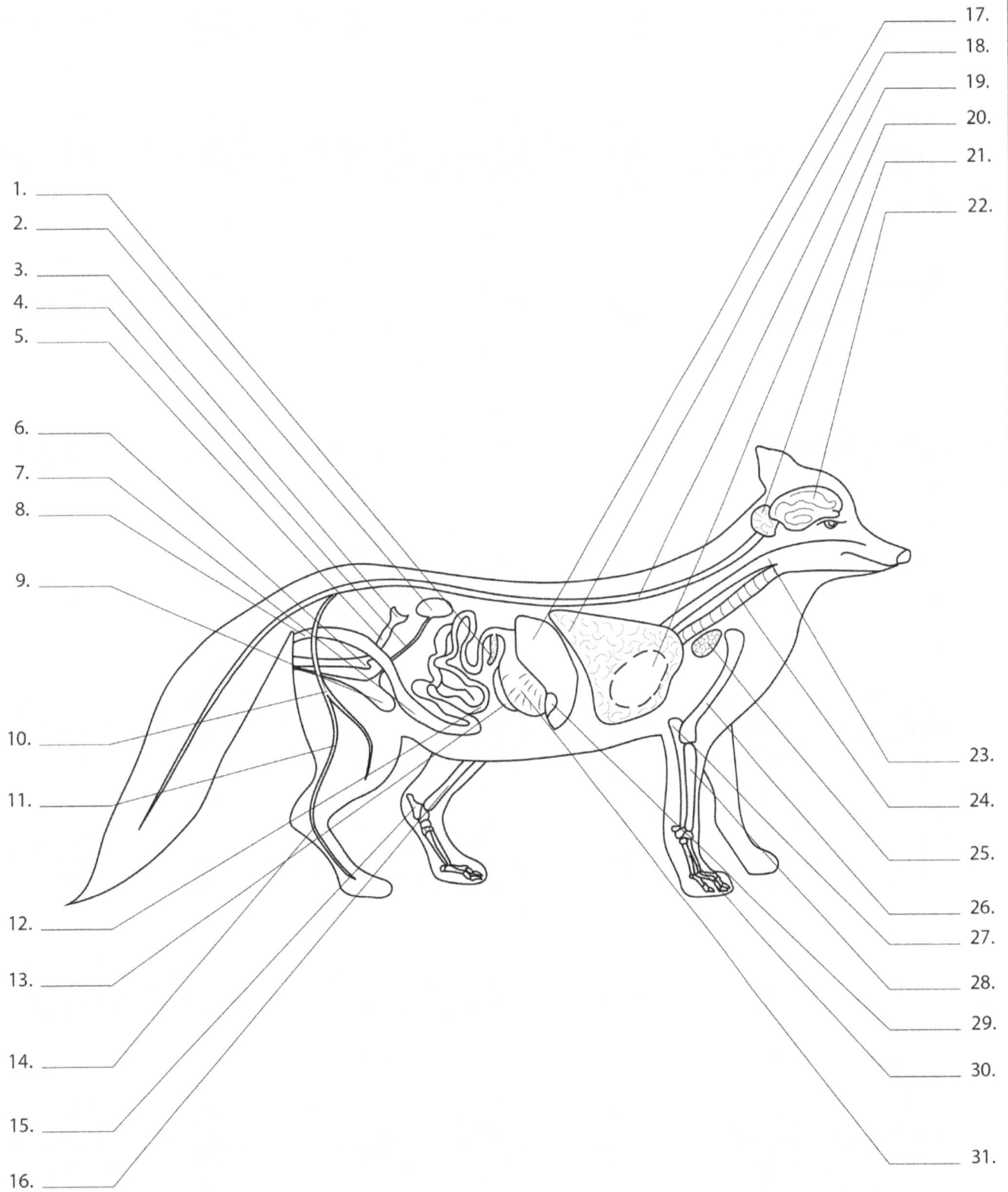

1.

2.

3.

4.

5.

6.

7.

8.

9.

10.

11.

12.

13.

14.

15.

16.

17.

18.

19.

20.

21.

22.

23.

24.

25.

26.

27.

28.

29.

30.

31.

SECCIÓN 13. ZORRO

1. Glándula pancreática
2. Riñón
3. Ovario
4. Uréter
5. Oviducto
6. Útero
7. Intestino grueso
8. Recto
9. Vejiga urinaria
10. Nervio femoral
11. Nervio ciático
12. Intestino delgado
13. Bazo
14. Nervio tibial
15. Tibia
16. Tarso
17. Hígado
18. Livianos
19. Médula espinal
20. Corazón
21. Cerebelo
22. Cerebro
23. Esófago
24. Tráquea
25. Timo
26. Húmero
27. Cúbito
28. Radio
29. Vesícula biliar
30. Metatarso
31. Estómago

SECCIÓN 14. MAPACHE

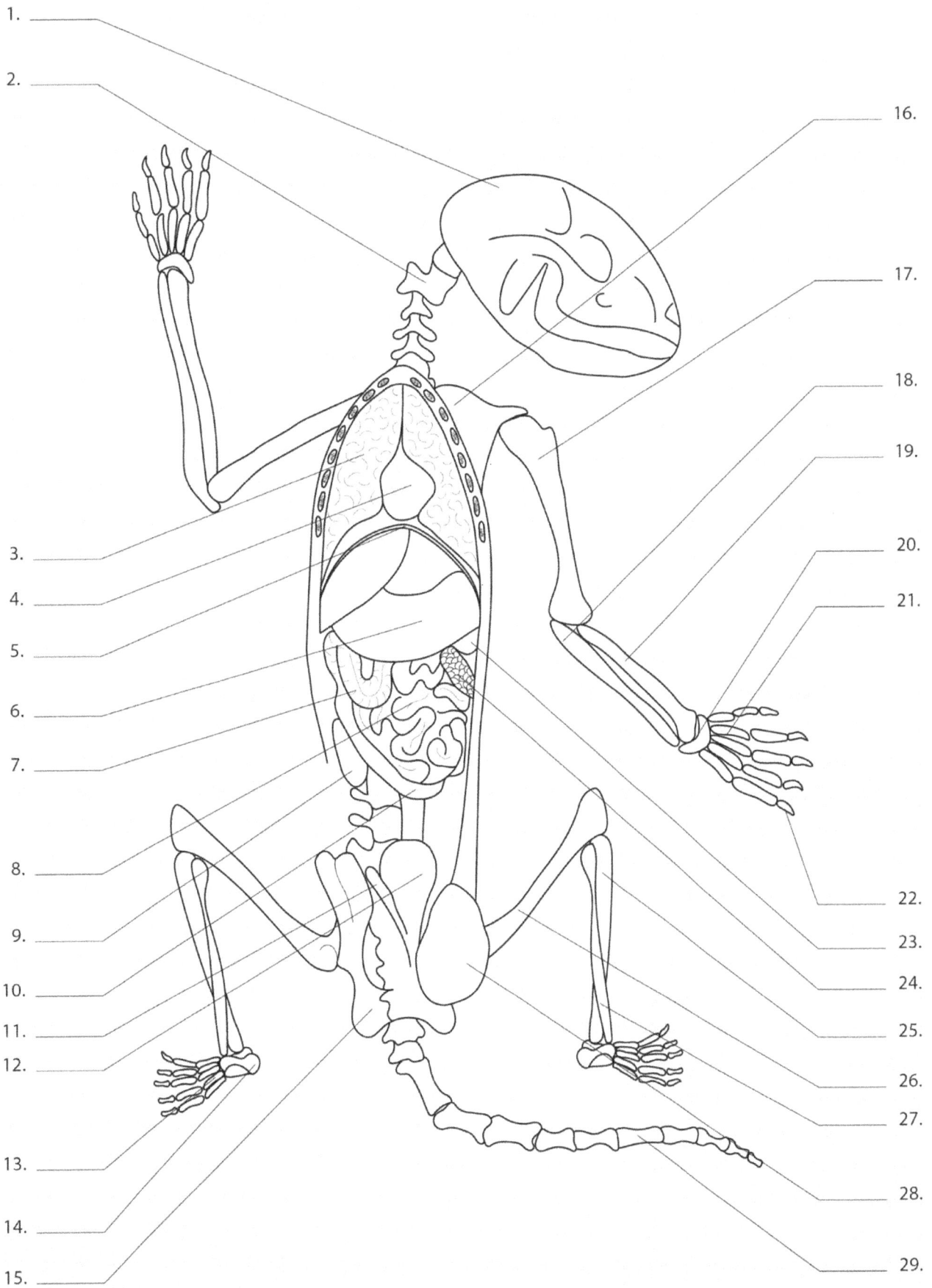

1.

2.

3.

4.

5.

6.

7.

8.

9.

10.

11.

12.

13.

14.

15.

16.

17.

18.

19.

20.

21.

22.

23.

24.

25.

26.

27.

28.

29.

SECCIÓN 14. MAPACHE

1. Cráneo
2. vértebras cervicales
3. Pulmones
4. Corazón
5. Diafragma
6. Hígado
7. Intestino grueso
8. Intestino delgado
9. Riñón
10. Apéndice
11. Vesícula seminal
12. Vejiga
13. Metatarso
14. Tarsiano
15. Pelvis
16. Escápula
17. Húmero
18. Cúbito
19. Radio
20. Carpiano
21. Metacarpiano
22. Falanges
23. Estómago
24. Bazo
25. Tibia
26. Fémur
27. Peroné
28. Testículo epidídimo
29. Cola

SECCIÓN 15. ERIZO

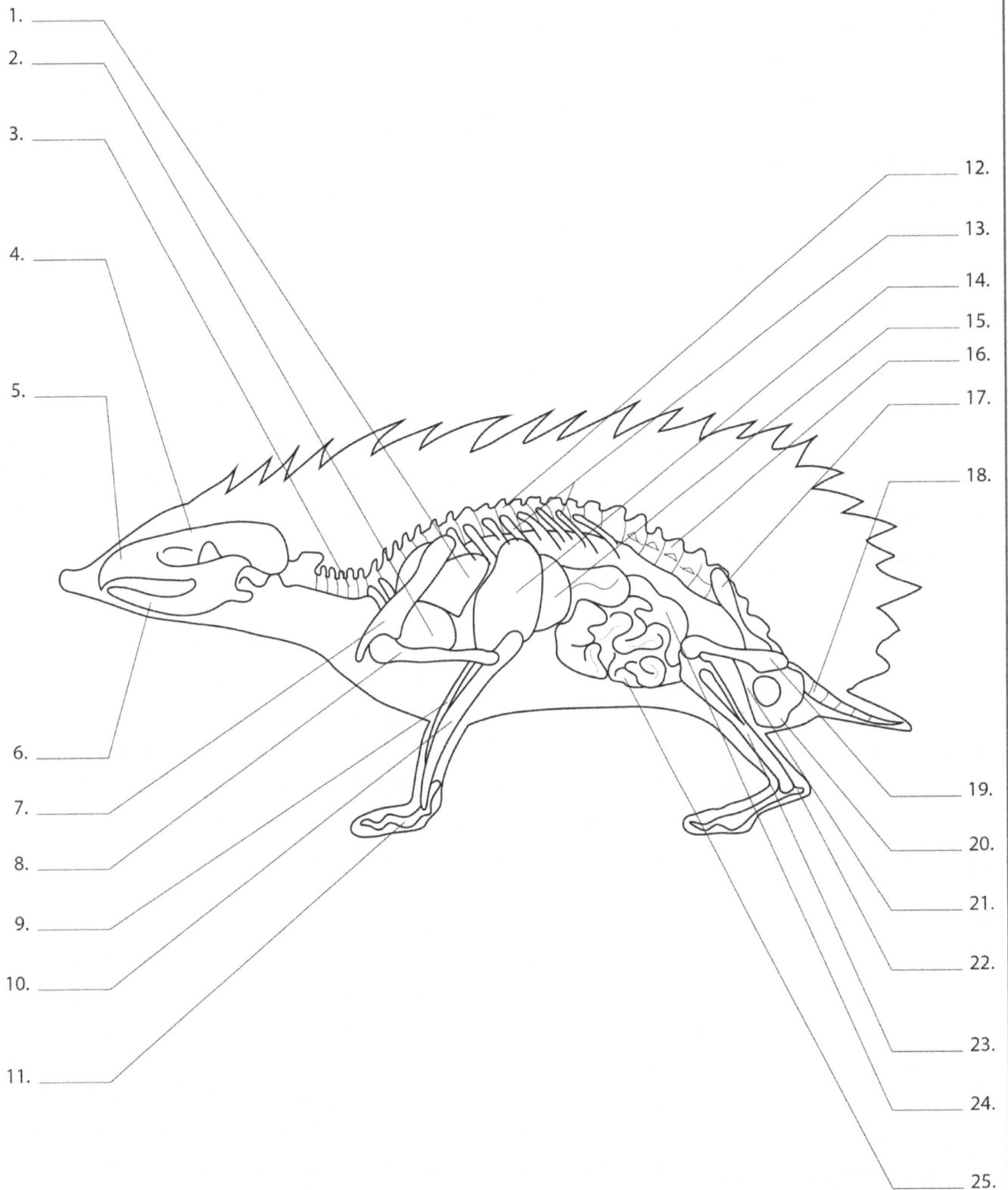

1.

2.

3.

4.

5.

6.

7.

8.

9.

10.

11.

12.

13.

14.

15.

16.

17.

18.

19.

20.

21.

22.

23.

24.

25.

SECCIÓN 15. ERIZO

1. Pulmones
2. Corazón
3. vértebras cervicales
4. Cráneo
5. Maxilar
6. Mandíbula
7. Escápula
8. Húmero
9. Radio
10. Cúbito
11. Falanges
12. Vértebras torácicas
13. Costillas
14. Hígado
15. Estómago
16. vértebras lumbares
17. Sacro
18. vértebras caudales
19. Fémur
20. Isquion
21. Pubis
22. Calcáneo
23. Tibia
24. Intestino grueso
25. Intestino delgado

SECCIÓN 16. ALCE

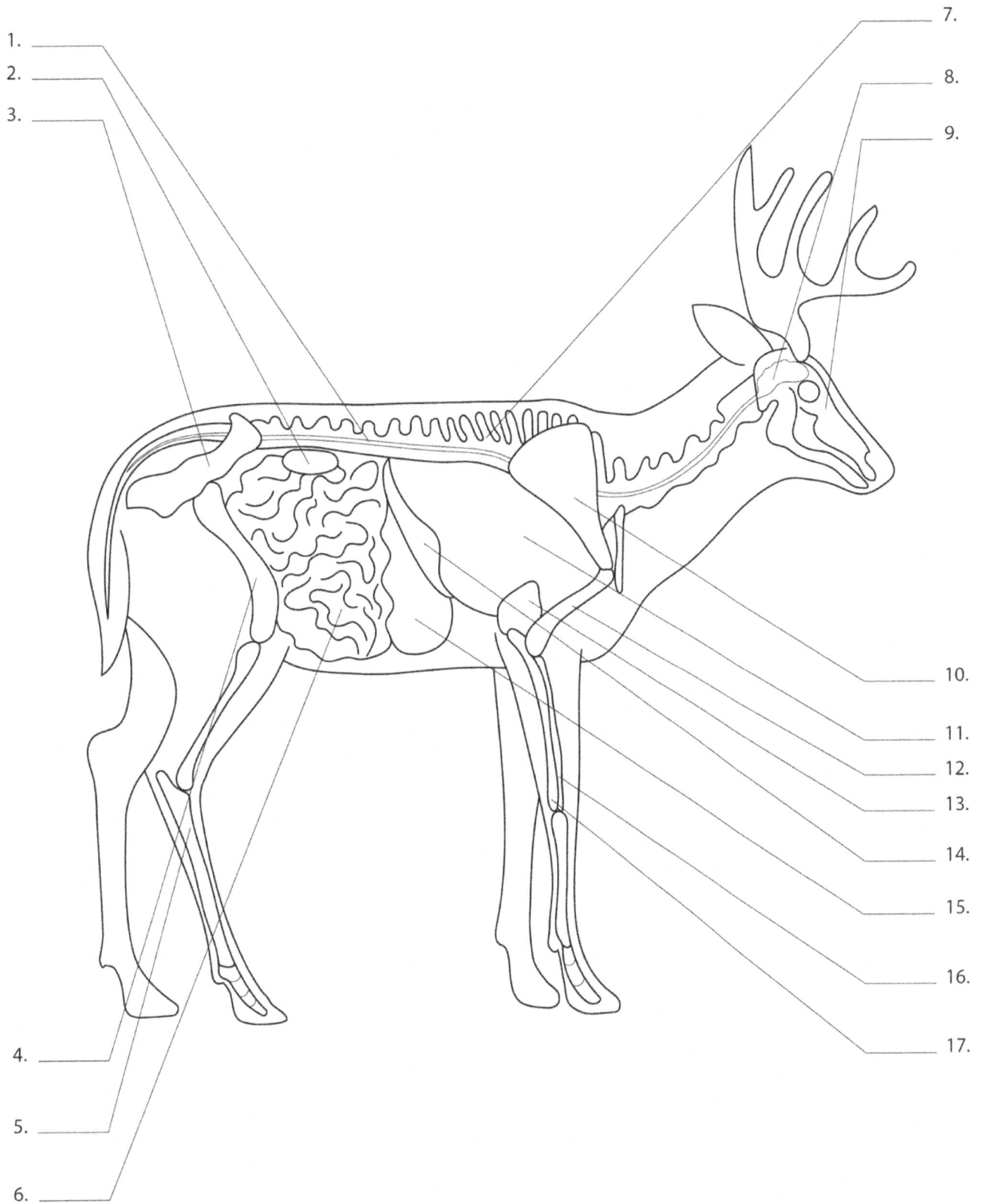

1.

2.

3.

4.

5.

6.

7.

8.

9.

10.

11.

12.

13.

14.

15.

16.

17.

SECCIÓN 16. ALCE

1. Médula espinal
2. Riñón
3. Pelvis
4. Fémur
5. Tibia
6. Intestino
7. Vértebras
8. Cerebro
9. Cráneo
10. Escápula
11. Pulmones
12. Húmero
13. Corazón
14. Hígado
15. Estómago
16. Radio
17. Cúbito

SECCIÓN 17. PEREZOSO

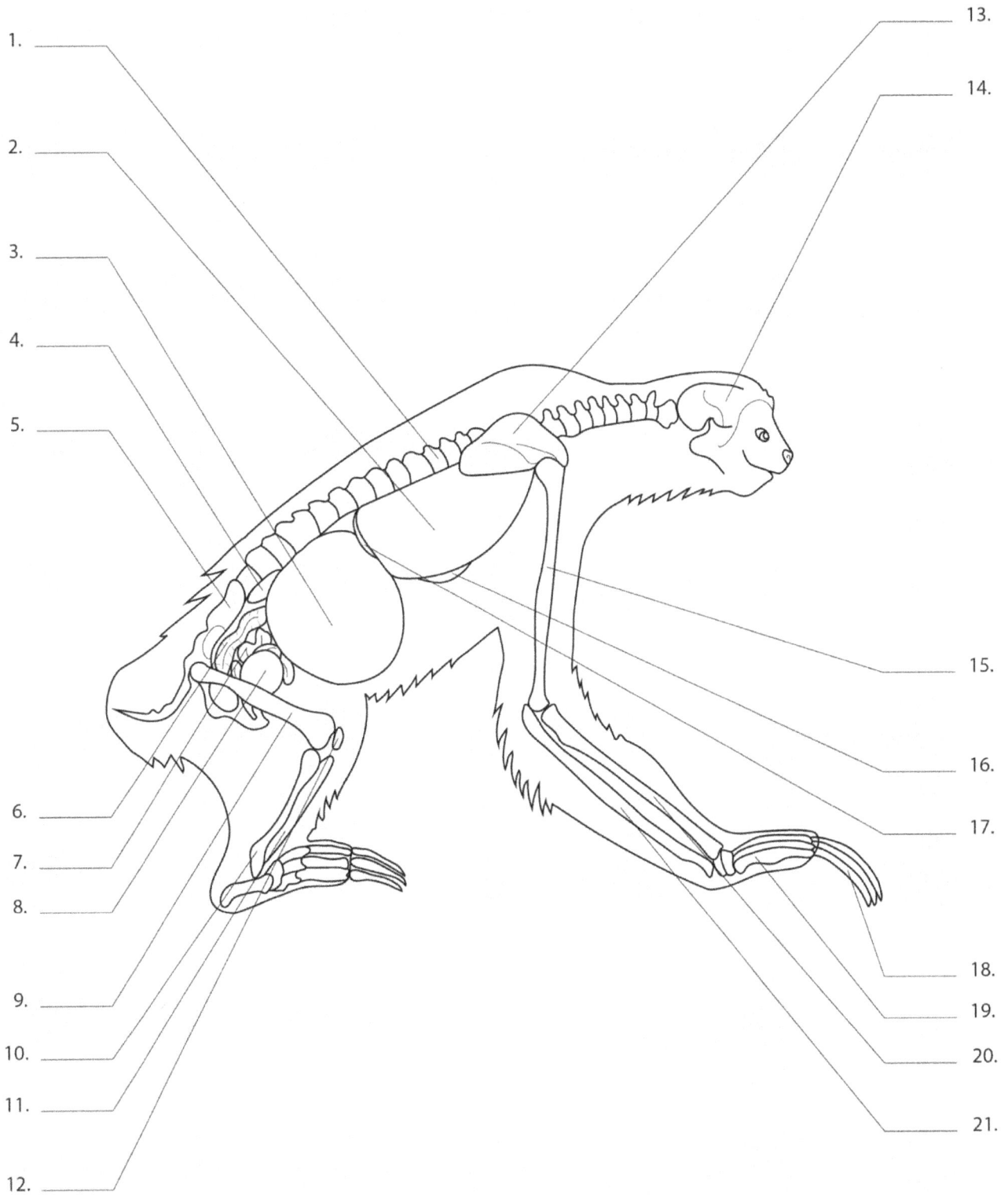

1.

2.

3.

4.

5.

6.

7.

8.

9.

10.

11.

12.

13.

14.

15.

16.

17.

18.

19.

20.

21.

SECCIÓN 17. PEREZOSO

1. La columna vertebral

2. Pulmones

3. Estómago

4. Riñón

5. Sacro

6. Colon

7. Intestino delgado

8. Vejiga

9. Fémur

10. Peroné

11. Tibia

12. Rótula

13. Escápula

14. Cráneo

15. Húmero

16. Corazón

17. Hígado

18. Dedo

19. Carpiano

20. Cúbito

21. Radio

SECCIÓN 18. BISONTE

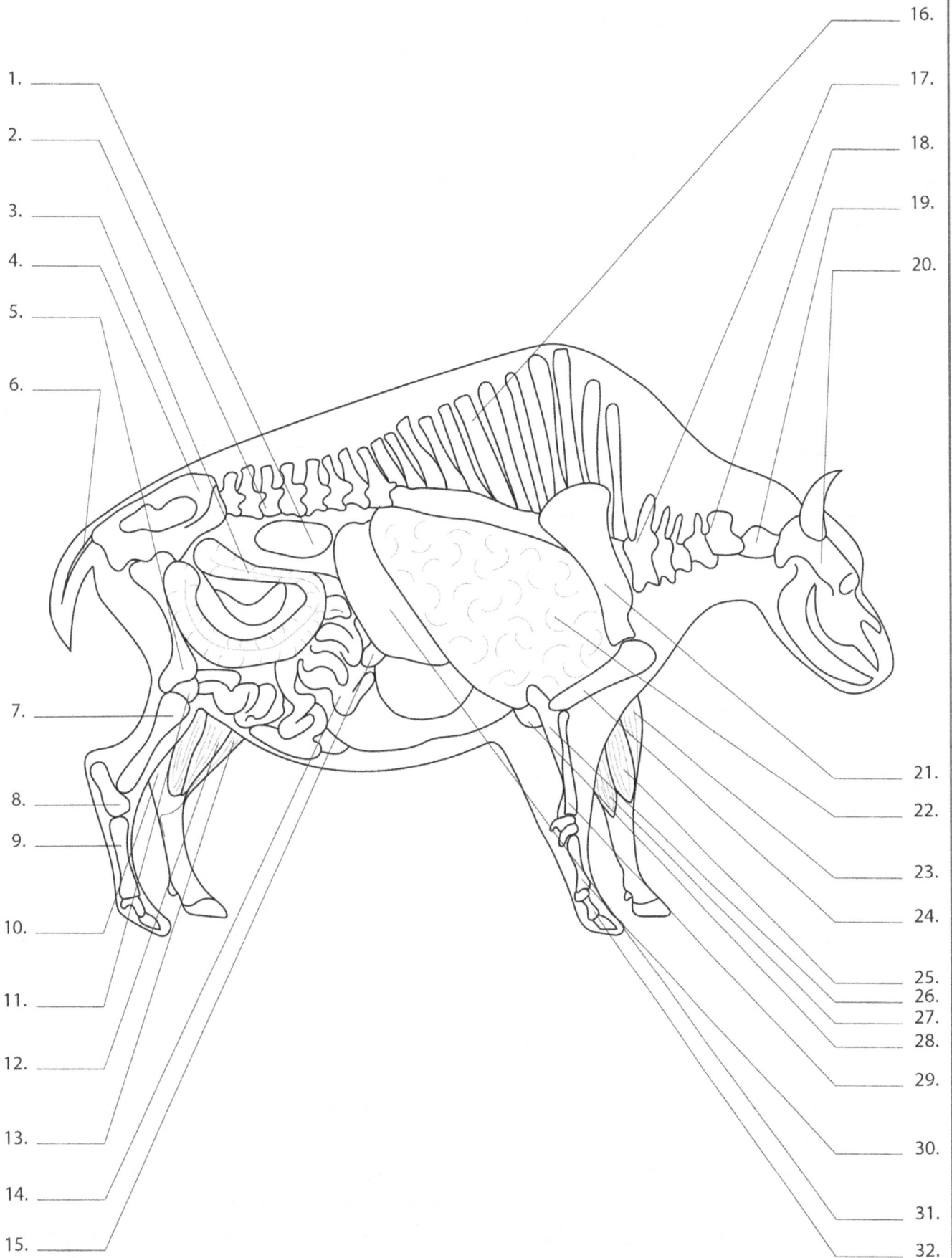

1.
2.
3.
4.
5.
6.
7.
8.
9.
10.
11.
12.
13.
14.
15.
16.
17.
18.
19.
20.
21.
22.
23.
24.
25.
26.
27.
28.
29.
30.
31.
32.

SECCIÓN 18. BISONTE

1. Riñón
2. vértebras lumbares
3. Intestino grueso
4. Sacro
5. Fémur
6. Cola
7. Tibia
8. Tarsiano
9. Metatarso
10. Tendón de aquiles
11. Rótula
12. Músculo extensor largo de los dedos
13. Músculo peroneo
14. Intestino delgado
15. Vesícula biliar
16. Vértebras torácicas
17. vértebras cervicales
18. Eje
19. Atlas
20. Cráneo
21. Escápula
22. Pulmones
23. Músculo braquiorradial
24. Húmero
25. Músculo extensor radial del carpo
26. Cúbito
27. Músculo flexor cubital del carpo
28. Corazón
29. Radio
30. Metacarpiano
31. Hígado
32. Falanges

SECCIÓN 19. CASTOR

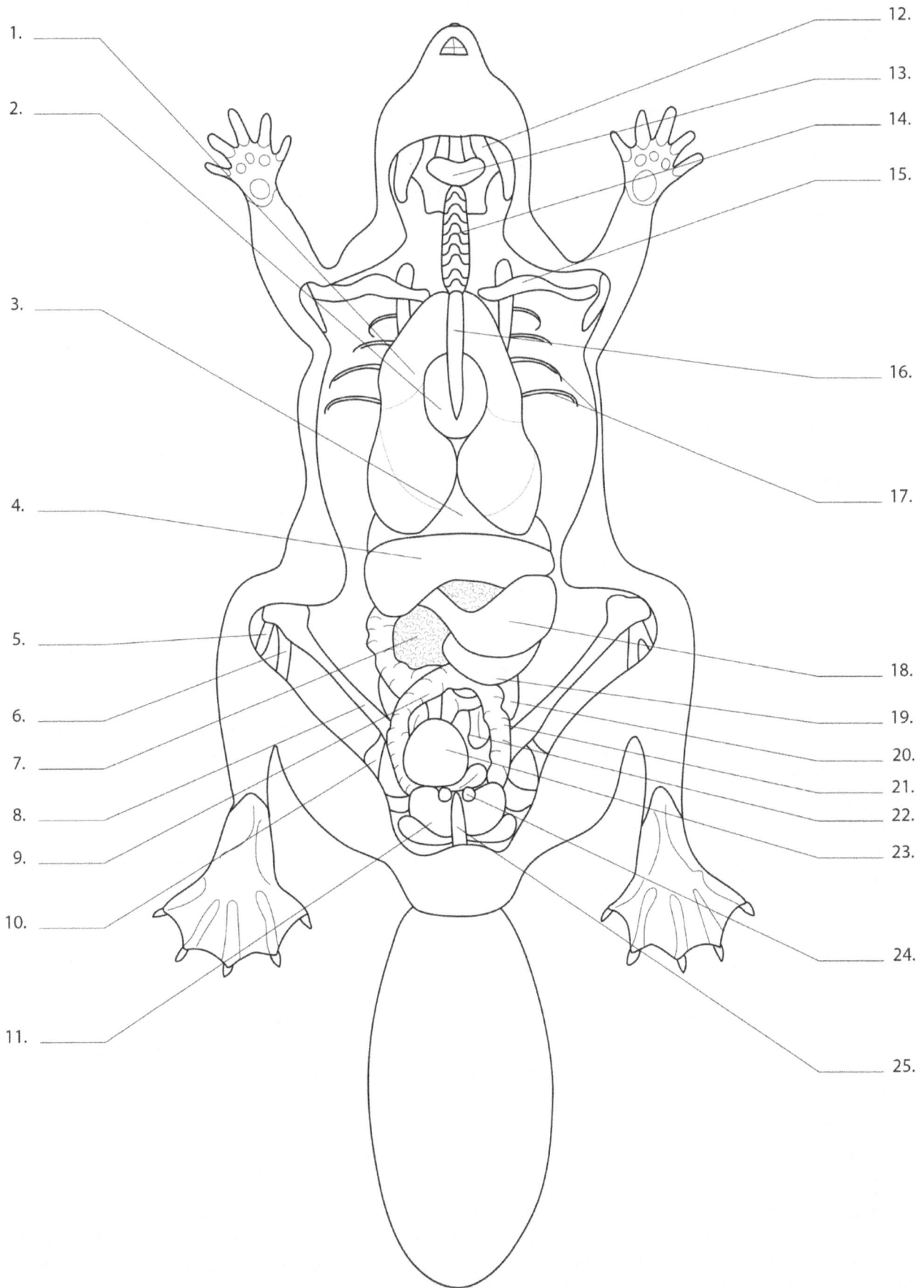

1.

2.

3.

4.

5.

6.

7.

8.

9.

10.

11.

12.

13.

14.

15.

16.

17.

18.

19.

20.

21.

22.

23.

24.

25.

SECCIÓN 19. CASTOR

1. Pulmones
2. Corazón
3. Diafragma
4. Hígado
5. Tibia
6. Peroné
7. Páncreas
8. Fémur
9. Colon ascendente
10. Pelvis
11. Glándulas anales
12. Cráneo
13. Cerebro
14. Vértebras
15. Escápula
16. Esternón
17. Costillas
18. Estómago
19. Bazo
20. Riñón
21. Colon descendente
22. Intestino delgado
23. Vejiga
24. Testículo
25. Pene

SECCIÓN 20. NUTRIA

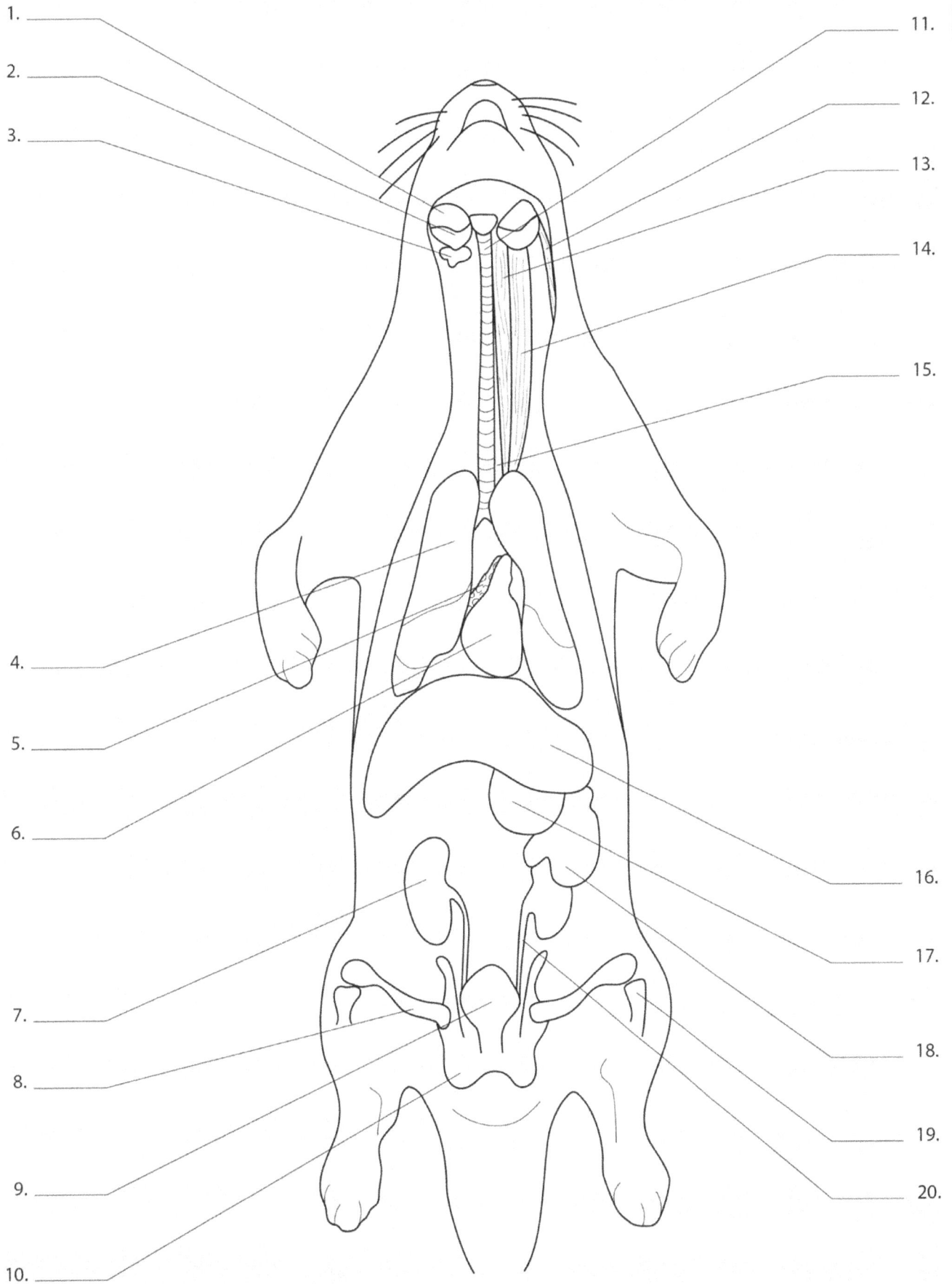

1.
2.
3.

4.
5.
6.
7.
8.
9.
10.

11.
12.
13.
14.
15.

16.
17.
18.
19.
20.

SECCIÓN 20. NUTRIA

1. Glándula salival sublingual
2. Glándula salival mandibular
3. Linfonodos retrofaríngeo medial
4. Pulmones
5. Timo
6. Corazón
7. Riñón
8. Fémur
9. Vejiga
10. Isquion
11. Tráquea
12. Esternocefalo muscular
13. Esternohioideo muscular
14. Músculo esternocleidohioideo
15. Esófago
16. Hígado
17. Estómago
18. Bazo
19. Tibia
20. Uréter

SECCIÓN 21. BALLENA

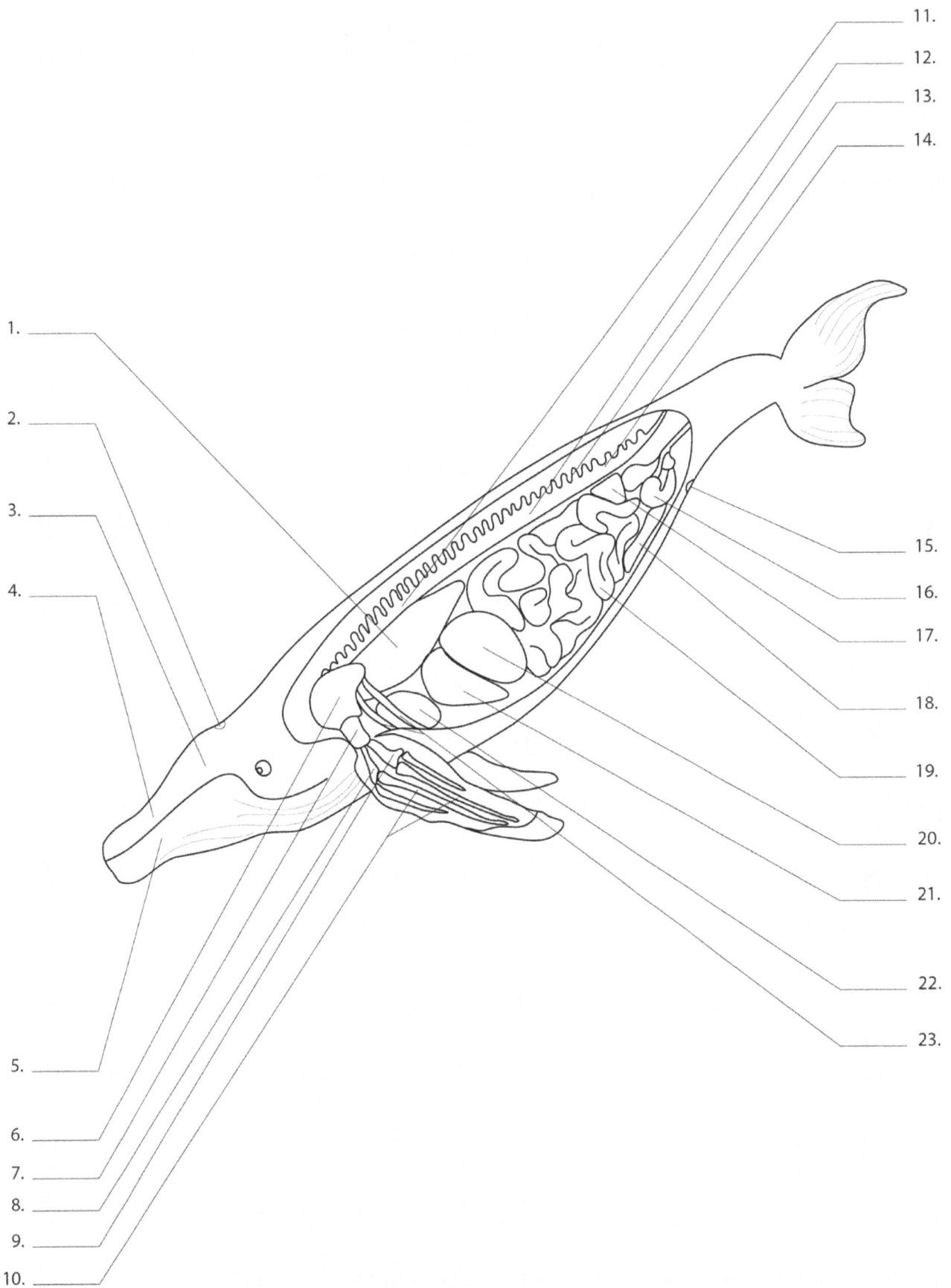

1.
2.
3.
4.
5.
6.
7.
8.
9.
10.

11.
12.
13.
14.
15.
16.
17.
18.
19.
20.
21.
22.
23.

SECCIÓN 21. BALLENA

1. Pulmones

2. Espiráculo

3. Cráneo

4. Rostro

5. Mandíbula inferior

6. Escápula

7. Húmero

8. Radio

9. Cúbito

10. Falanges

11. Vértebras torácicas

12. vértebras lumbares

13. Proceso espinoso

14. Vértebras caudales

15. Ano

16. Aparato reproductor

17. Riñón

18. Vejiga

19. Intestino grueso

20. Estómago

21. Hígado

22. Corazón

23. Costillas

SECCIÓN 22. HIENA

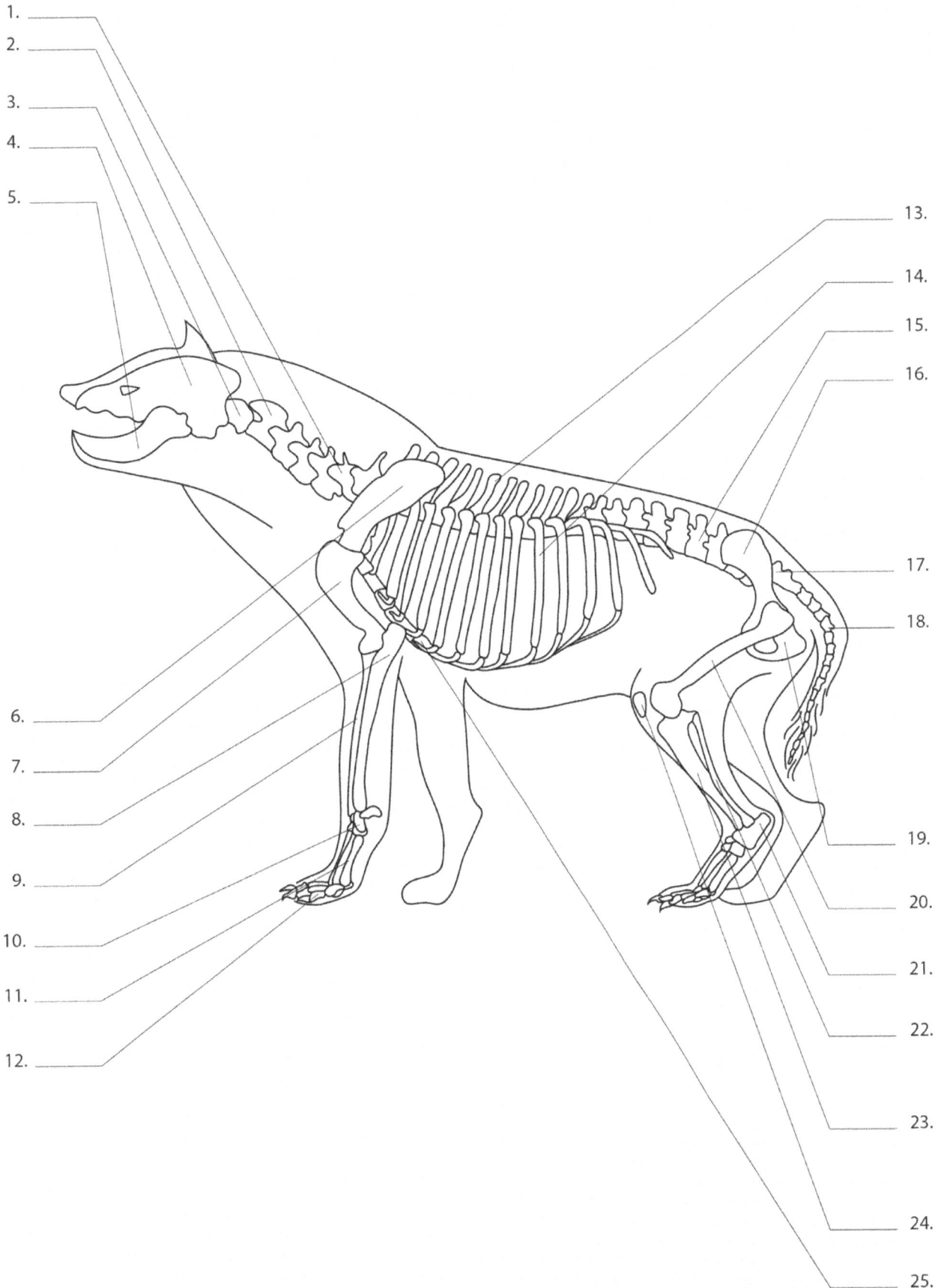

1.

2.

3.

4.

5.

6.

7.

8.

9.

10.

11.

12.

13.

14.

15.

16.

17.

18.

19.

20.

21.

22.

23.

24.

25.

SECCIÓN 22. HIENA

1. vértebras cervicales
2. Eje
3. Atlas
4. Cráneo
5. Mandíbula
6. Escápula
7. Húmero
8. Cúbito
9. Radio
10. Carpiano
11. Metacarpiano
12. Falanges
13. Vértebras torácicas
14. Costillas
15. vértebras lumbares
16. Ilíaco
17. Sacro
18. vértebras caudales
19. Isquion
20. Fémur
21. Tarso
22. Peroné
23. Tibia
24. Rótula
25. Esternón

SECCIÓN 23. OSO HORMIGUERO

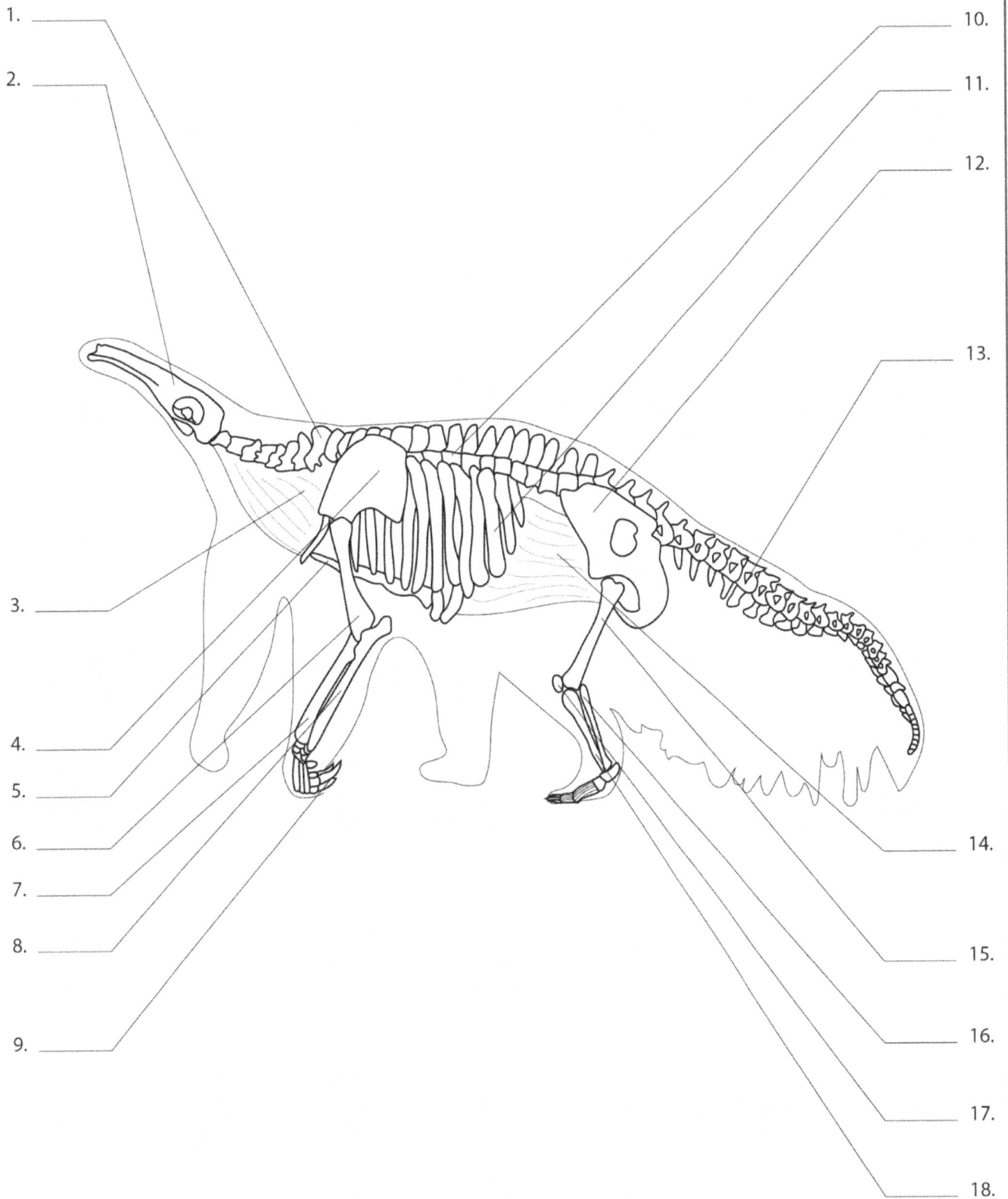

1.
2.
3.
4.
5.
6.
7.
8.
9.
10.
11.
12.
13.
14.
15.
16.
17.
18.

SECCIÓN 23. OSO HORMIGUERO

1. vértebras cervicales

2. Cráneo

3. Músculo Trapecio

4. Escápula

5. Esternón

6. Húmero

7. Radio

8. Cúbito

9. Garra de dedo

10. Vértebras torácicas

11. Costillas

12. Pelvis

13. Vértebras caudales

14. Músculo oblicuo externo

15. Fémur

16. Peroné

17. Rótula

18. Tibia

SECCIÓN 24. LAGARTIJA

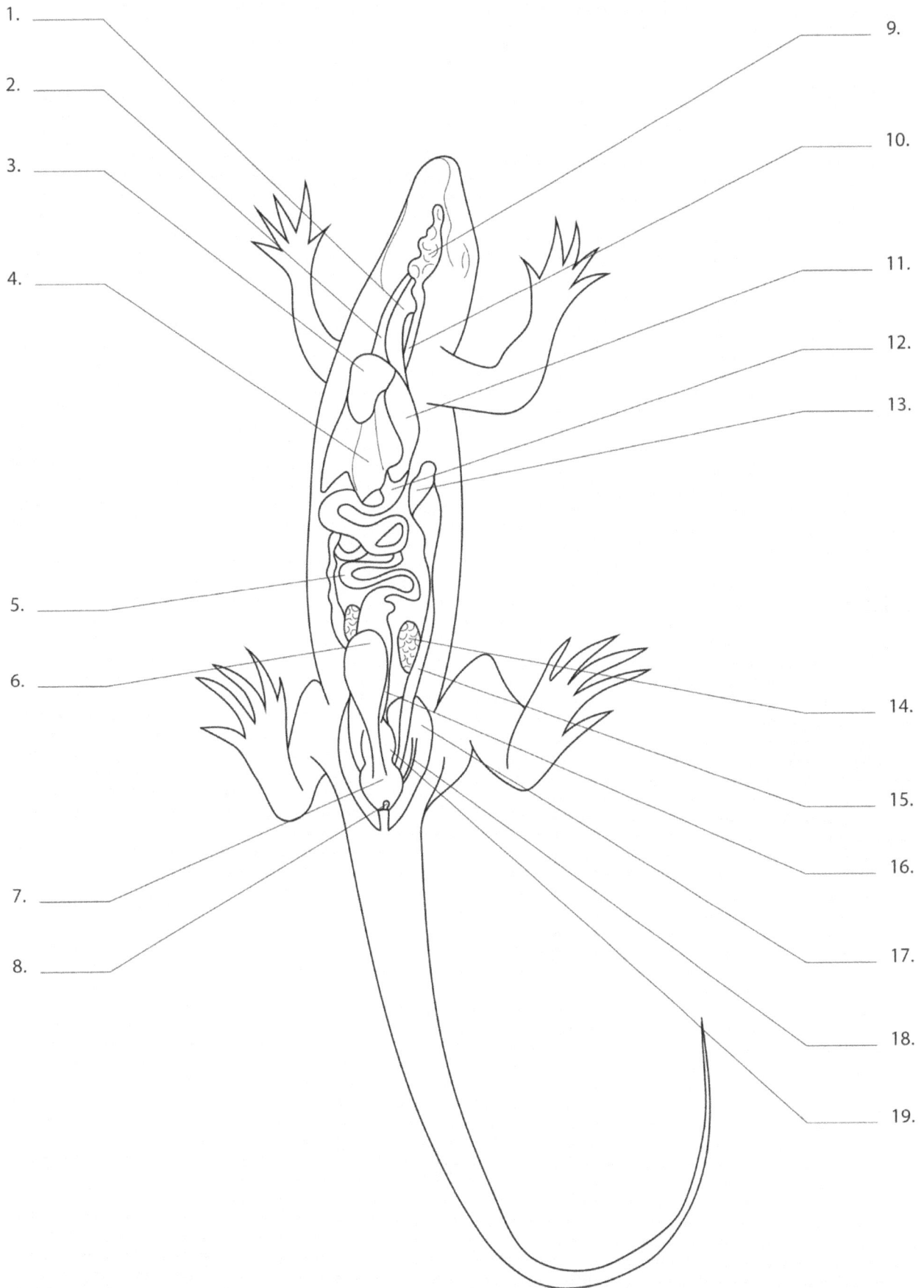

1.

2.

3.

4.

5.

6.

7.

8.

9.

10.

11.

12.

13.

14.

15.

16.

17.

18.

19.

SECCIÓN 24. LAGARTIJA

1. Esófago
2. Tráquea
3. Corazón
4. Hígado
5. Intestino delgado
6. Vejiga
7. Cámara posterior de cloaca
8. Apertura cloacal
9. Cerebro
10. Médula espinal
11. Liviano
12. Estómago
13. Funil
14. Ovario
15. Oviducto
16. Recto
17. Riñón
18. Uréter
19. Cámara anterior de cloaca

SECCIÓN 25. BÚHO

SECCIÓN 25. BÚHO

1. Ceja o supercilium
2. Pico
3. Corazón
4. Uréter
5. Tibia
6. Tarso
7. Dedo
8. Garra
9. Esófago
10. Tráquea
11. Livianos
12. Proventrículo
13. Hígado
14. Molleja
15. Riñón
16. Intestino
17. Respiradero

SECCIÓN 26. ZEBRA

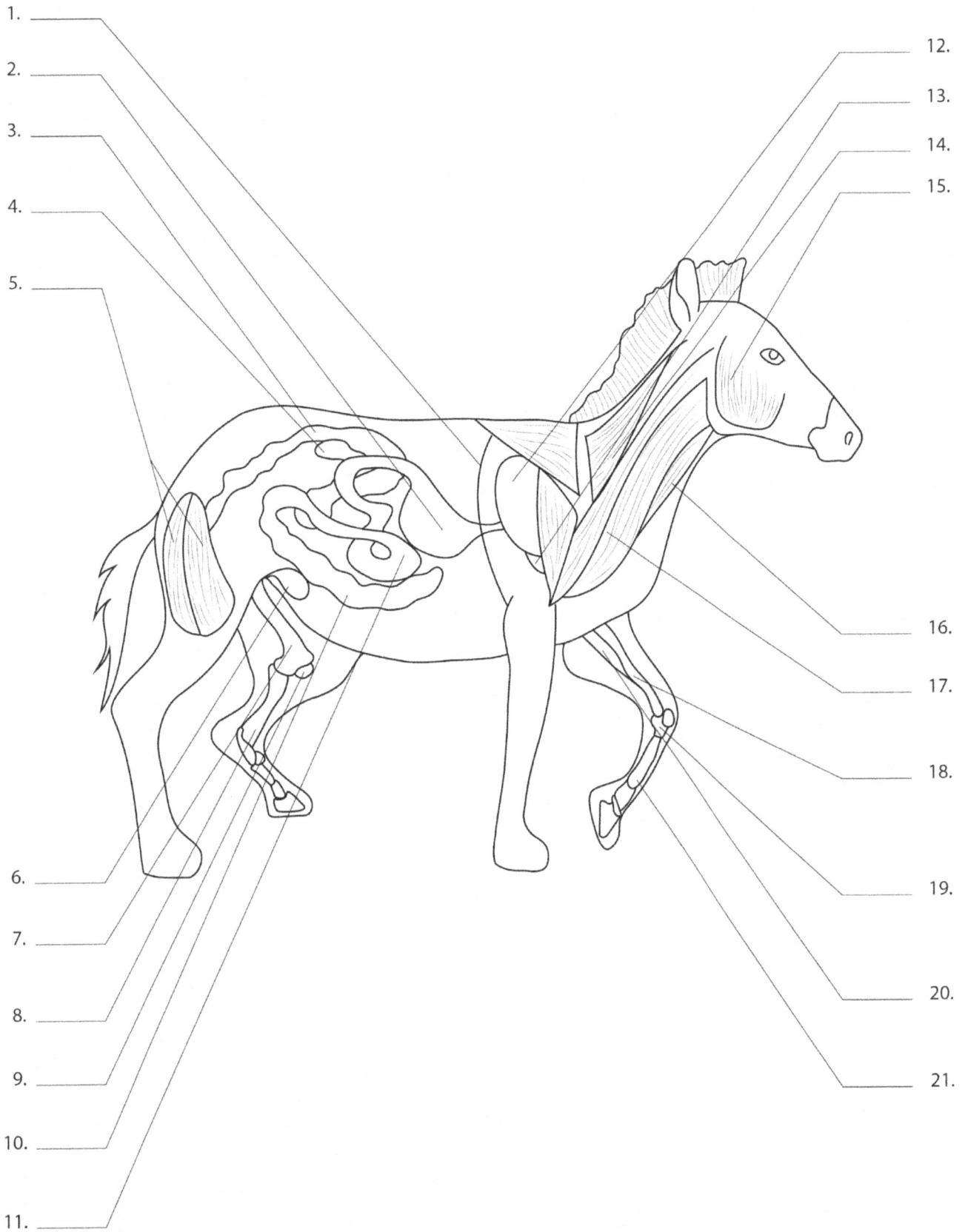

1.

2.

3.

4.

5.

6.

7.

8.

9.

10.

11.

12.

13.

14.

15.

16.

17.

18.

19.

20.

21.

SECCIÓN 26. ZEBRA

1. Diafragma

2. Estómago

3. Colon

4. Riñón

5. Músculo bíceps braquial

6. Vejiga

7. Fémur

8. Tibia

9. Rótula

10. Intestino ciego

11. Intestino delgado

12. Liviano

13. Corazón

14. Músculo romboidal cervical

15. Músculo masetero

16. Esternocefalo muscular

17. Músculo Braquiocefálico

18. Radio

19. carpo

20. Cúbito

21. Hueso cáñon

SECCIÓN 27. CABALLO

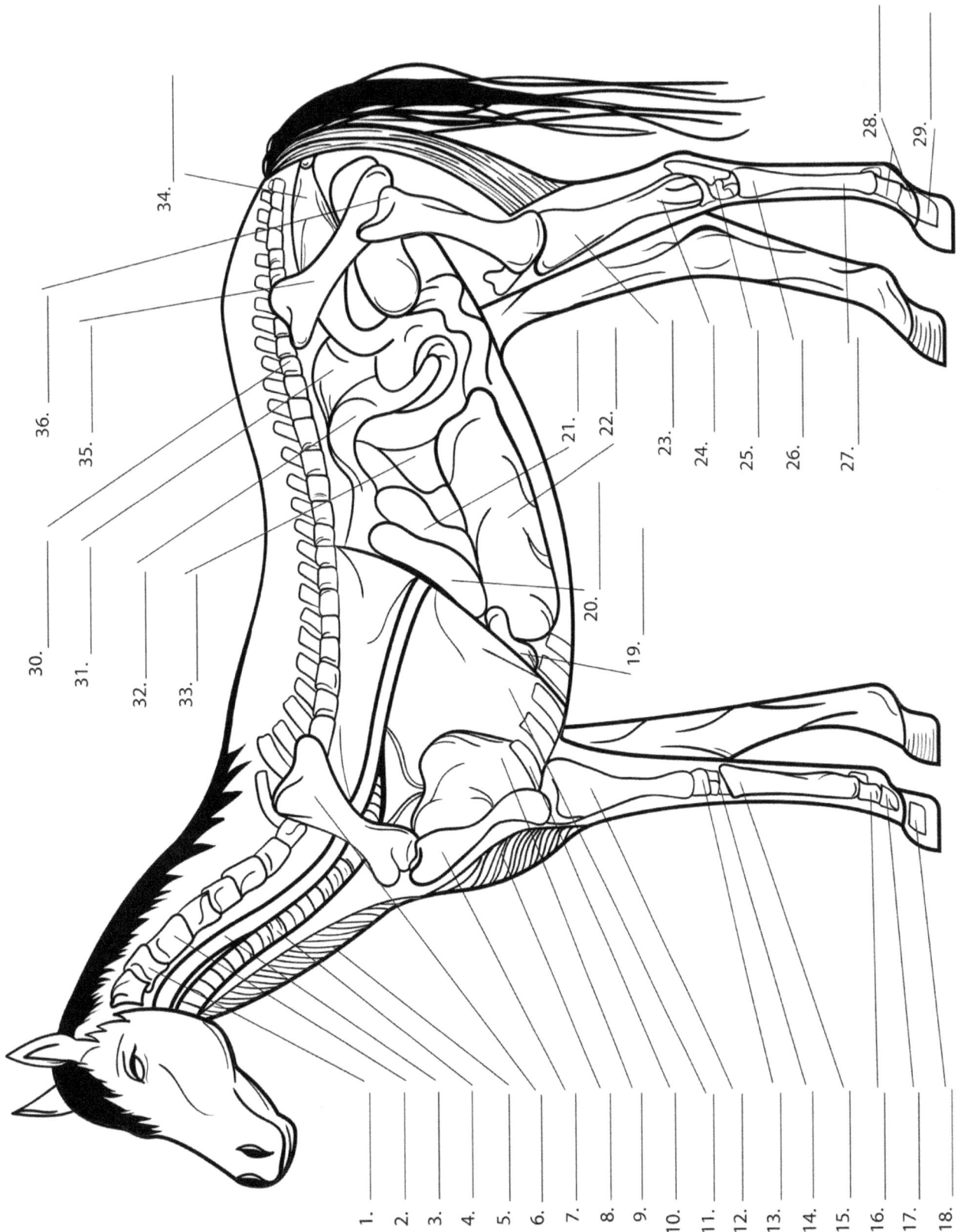

1.
2.
3.
4.
5.
6.
7.
8.
9.
10.
11.
12.
13.
14.
15.
16.
17.
18.
19.
20.
21.
22.
23.
24.
25.
26.
27.
28.
29.
30.
31.
32.
33.
34.
35.
36.

SECCIÓN 27. CABALLO

1. Atlas
2. Eje
3. Esófago
4. Tráquea
5. Músculo esternocefálico
6. Escápula
7. Húmero
8. Músculo superficial craneal
9. Corazón
10. Cúbito
11. Liviano
12. Radio
13. Rodilla
14. Huesos del carpo
15. Cañón
16. Hueso de cuartilla larga
17. hueso de cuartilla corta
18. Hueso del pedal
19. Hígado
20. Bazo
21. Riñón
22. Intestino grueso
23. Tibia
24. Peroné
25. Hueso del tarso
26. Férula de hueso
27. Hueso cáñon
28. Huesos de la cuartilla
29. Hueso del pedal
30. Vértebras
31. Intestino ciego
32. Intestino delgado
33. Estómago
34. Recto
35. Pelvis
36. Fémur

SECCIÓN 28. PEZ

SECCIÓN 28. PEZ

1. Branquia
2. Corazón
3. Estómago
4. Hígado
5. Bazo
6. Aleta pélvica
7. Intestino
8. Gónada
9. Riñón
10. Vejiga natatoria
11. Vejiga urinaria
12. Aleta anal
13. Aleta de la cola
14. La columna vertebral
15. Médula espinal
16. Cerebro

SECCIÓN 29. CERDO

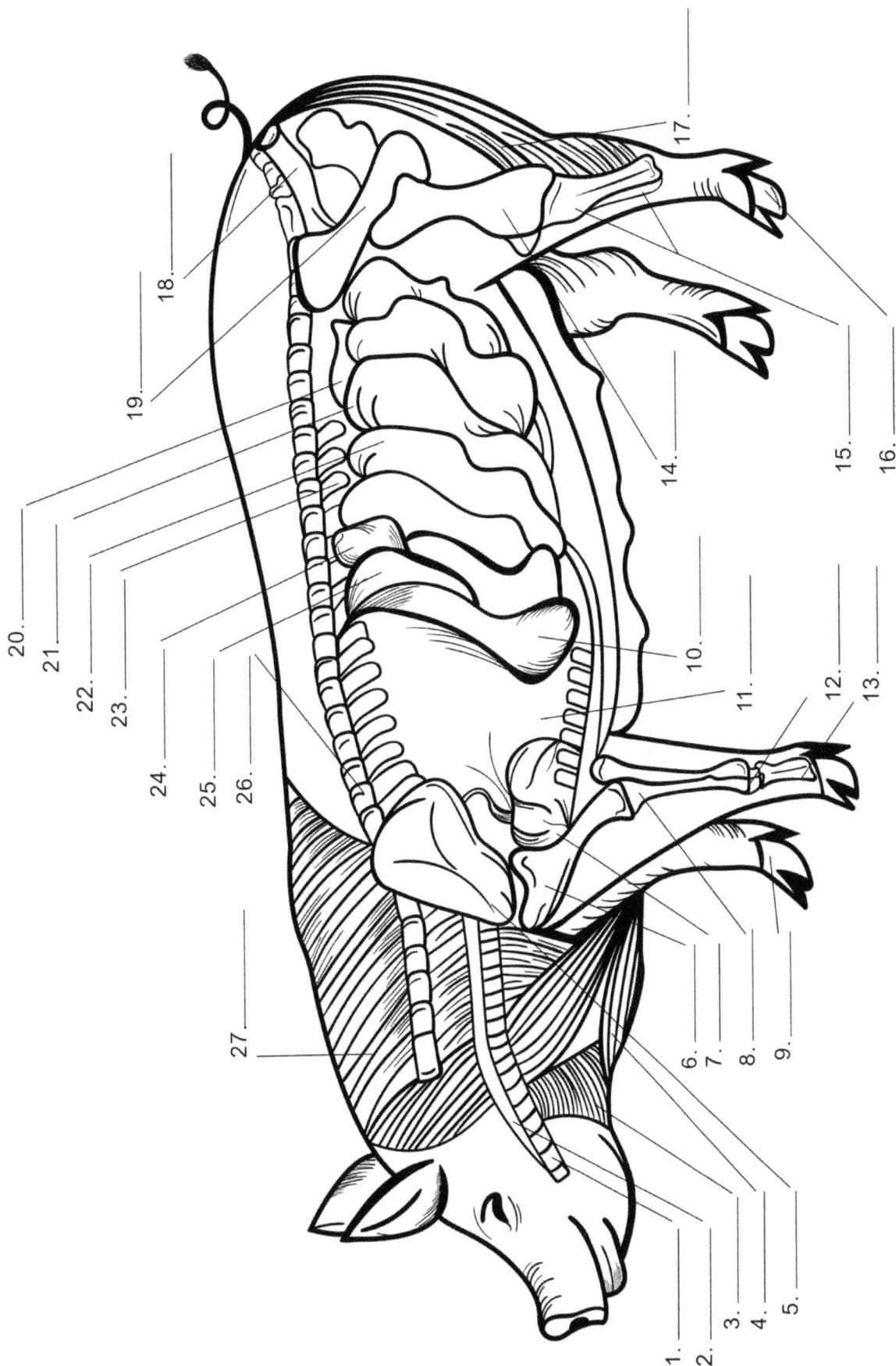

SECCIÓN 29. CERDO

1. Esófago
2. Tráquea
3. Músculo masetero
4. Músculo esternocleidohioideo
5. Escápula
6. Húmero
7. Corazón
8. Radio y cúbito
9. Falanges
10. Hígado
11. Livianos
12. carpo
13. Metacarpo
14. Peroné y Tibia
15. Tarso
16. Falanges
17. Músculo bíceps femoral
18. Recto
19. Fémur
20. Intestino ciego
21. Intestino grueso
22. Intestino delgado
23. Costillas
24. Bazo
25. Riñón
26. Vértebras
27. músculo trapecio

SECTION 30. GALLINA

SECTION 30. GALLINA

1. Fosa nasal
2. Laringe
3. Tráquea
4. Esófago
5. Cultivo
6. Corazón
7. Vesícula biliar
8. Proventrículo
9. Bazo
10. Hígado
11. Molleja
12. Garra
13. Páncreas
14. Bucle duoneal
15. Intestino delgado
16. Ciegos
17. Intestino grueso
18. Cloaca
19. Oviducto
20. Ovario
21. Riñón
22. Livianos
23. Tubos bronquiales
24. Columna vertebral
25. Cerebro

SECCIÓN 31. VACA

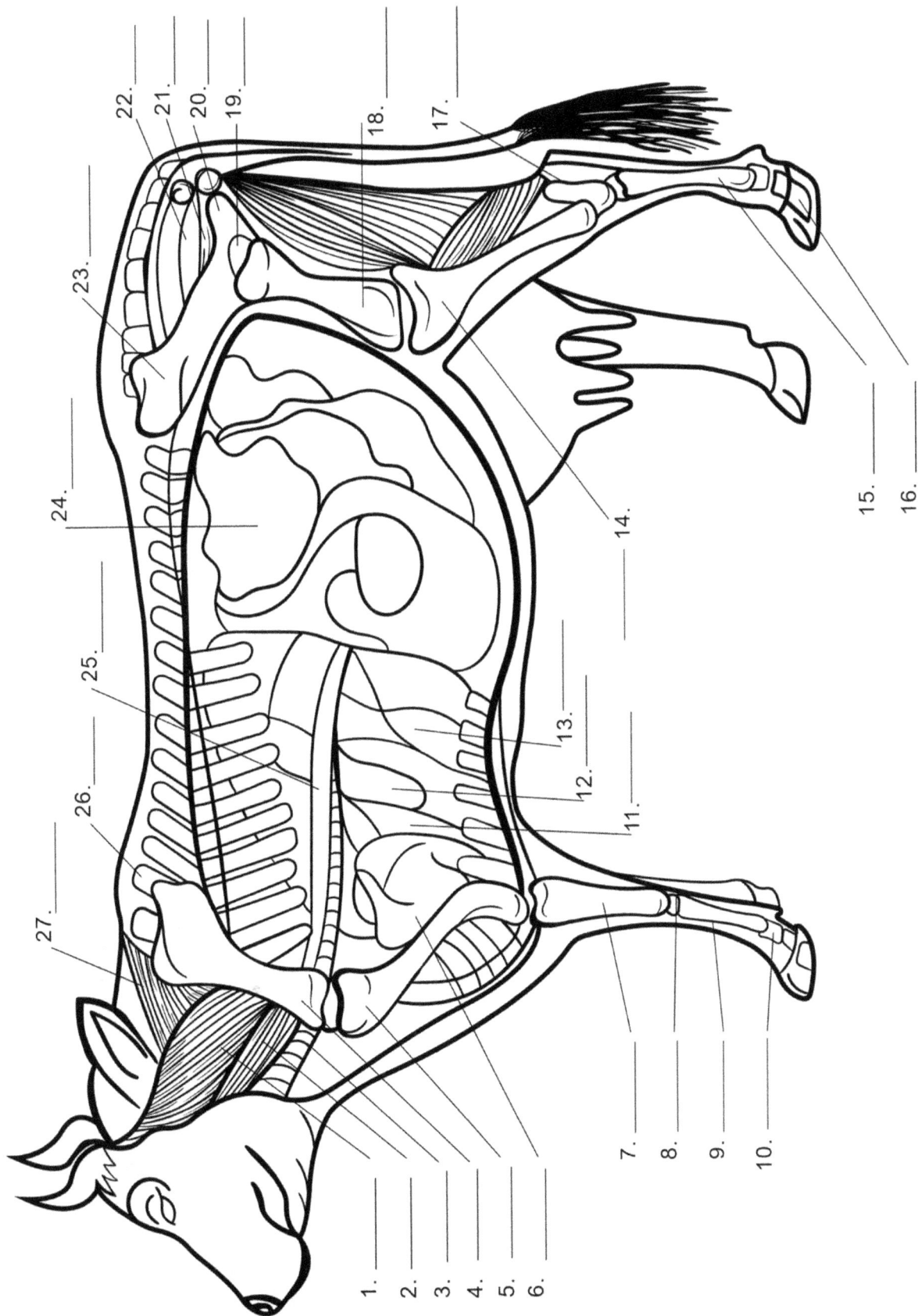

1.
2.
3.
4.
5.
6.
7.
8.
9.
10.
11.
12.
13.
14.
15.
16.
17.
18.
19.
20.
21.
22.
23.
24.
25.
26.
27.

SECCIÓN 31. VACA

1. músculo braquiocefálico
2. músculo esternocefálico
3. Tráquea
4. Escápula
5. Húmero
6. Corazón
7. Radio y cúbito
8. Articulación del carpo
9. Metacarpo
10. Articulación de cuartilla
11. Hígado
12. Bazo
13. Omaso
14. Tibia y peroné
15. Metatarso
16. Articulación ataúd
17. Articulación tarsal
18. Fémur
19. articulación de cadera
20. Isquion
21. Vagina
22. Recto
23. Illium
24. Rumen
25. Esófago
26. Costillas
27. Trapecio

SECTION 32. TORTUGA MARINA

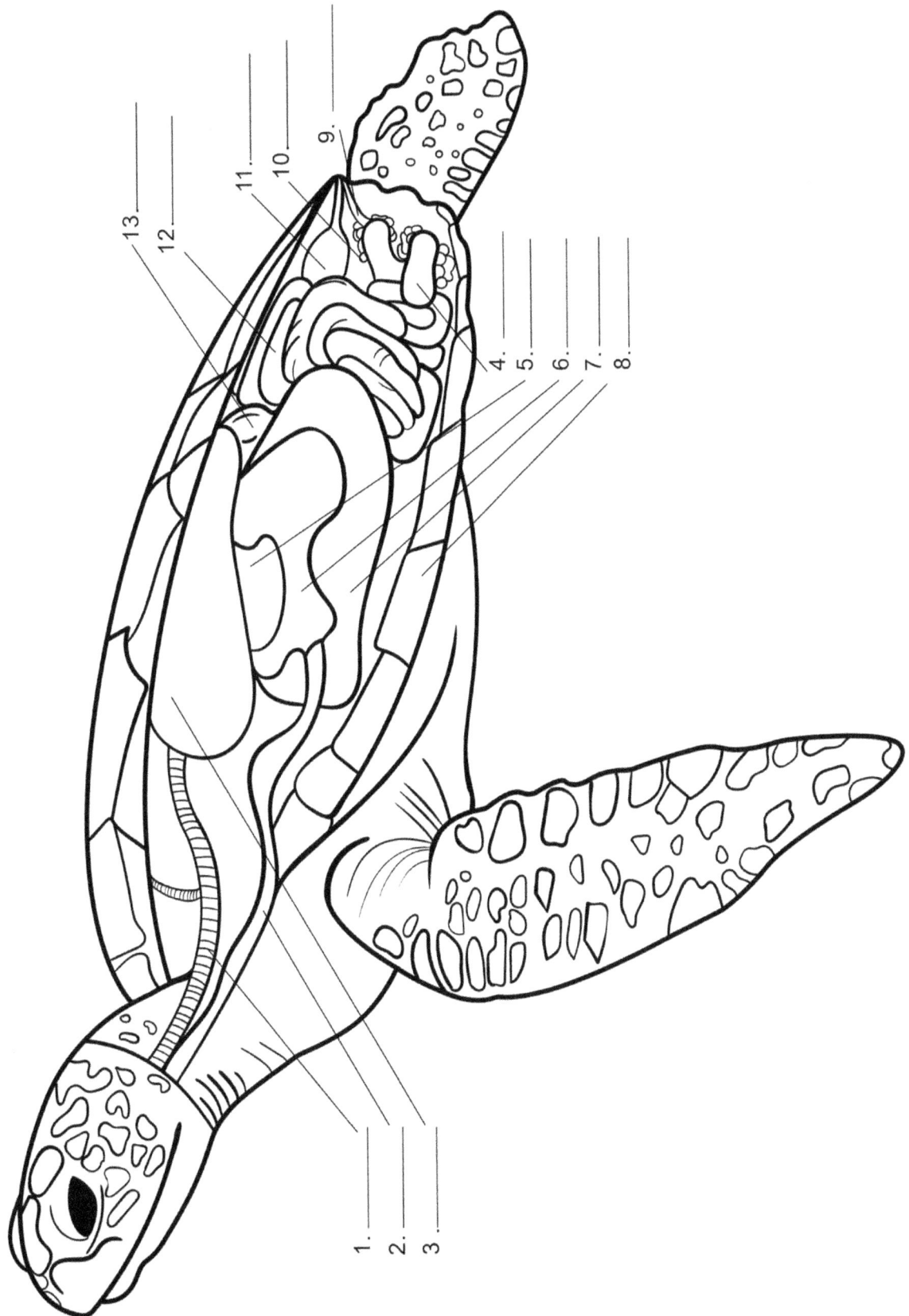

SECTION 32. TORTUGA MARINA

1. Tráquea
2. Esófago
3. Liviano
4. Riñón
5. Corazón
6. Estómago
7. Hígado
8. Concha marginal
9. Oviducto
10. Ovario
11. Cloaca
12. Intestino
13. Páncreas

SECTION 33. TIBURÓN

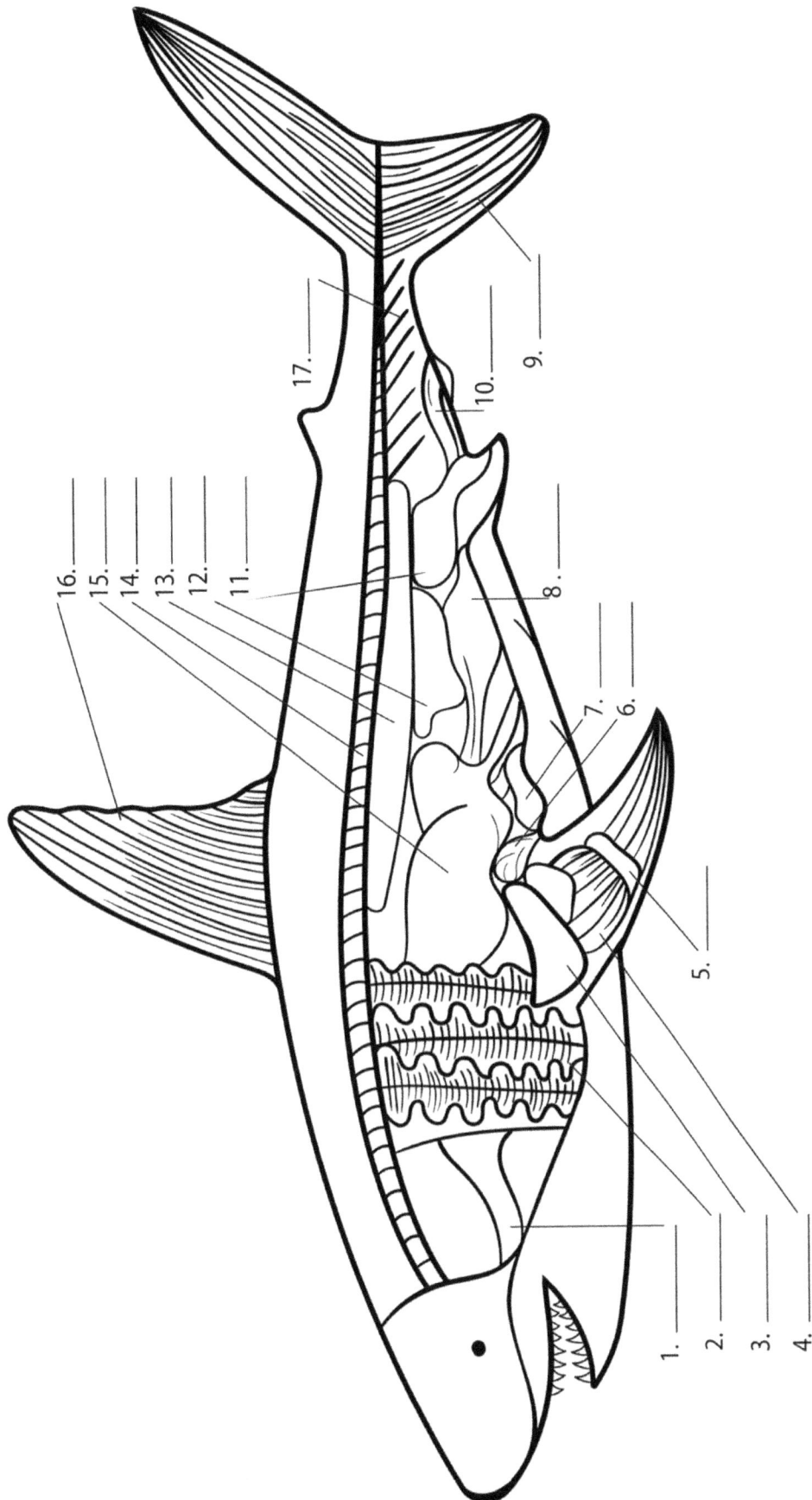

SECTION 33. TIBURÓN

1. Esófago
2. Branquia
3. Cartílago
4. Cartílago de aleta
5. Soporte de aleta pectoral
6. Corazón
7. Bazo
8. Útero
9. Aleta caudal
10. Cloaca
11. Intestino
12. Riñón
13. Hígado
14. Vértebras
15. Estómago
16. Aleta dorsal

SECCIÓN 34. GATO DOMESTICO

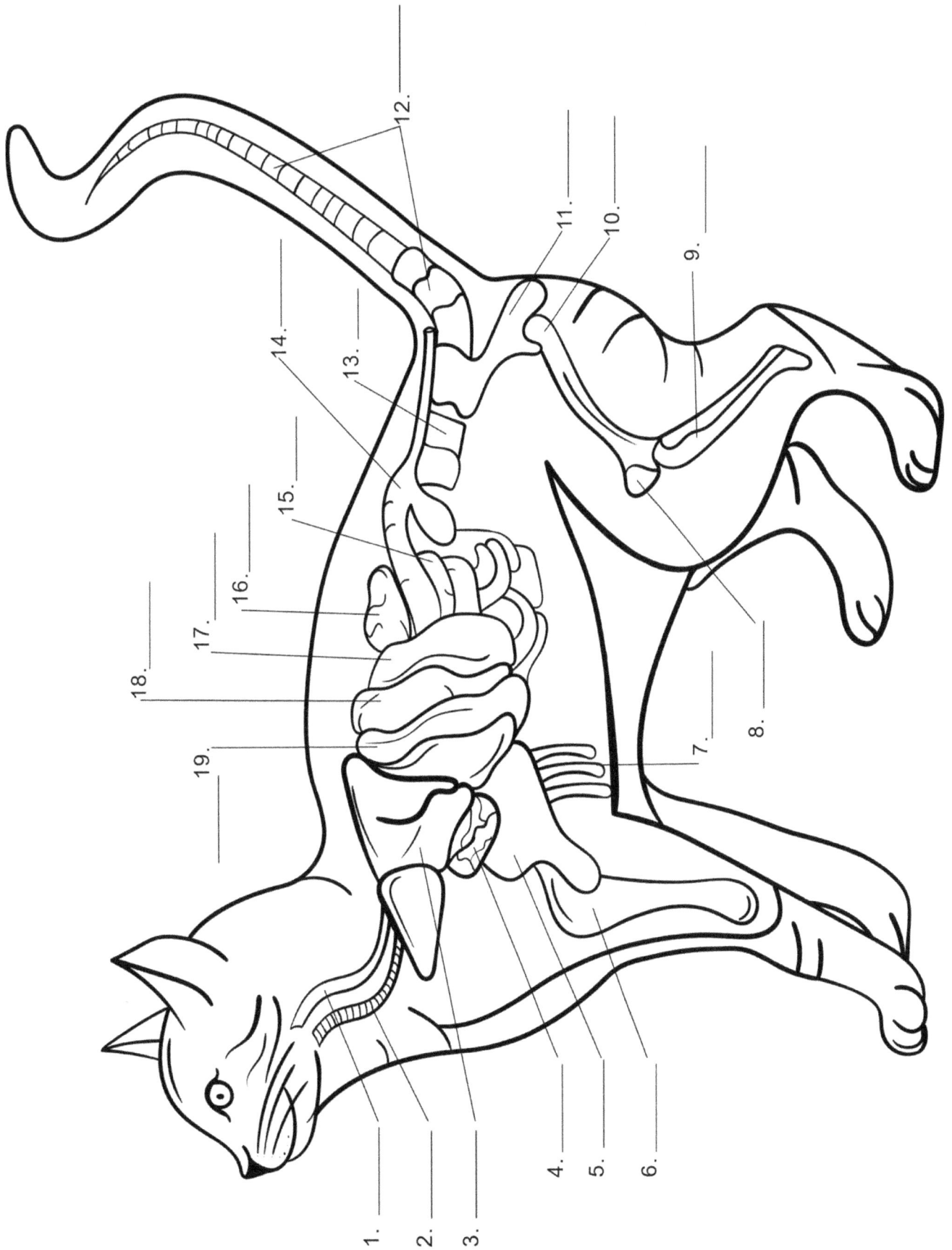

SECCIÓN 34. GATO DOMESTICO

1. Tráquea
2. Esófago
3. Livianos
4. Corazón
5. Escápula
6. Húmero
7. Costillas
8. Rótula
9. Tibia y peroné
10. Fémur
11. Pelvis
12. Vértebras coccígeas
13. Vértebras lumbares
14. Colon
15. Intestino
16. Riñón
17. Bazo
18. Estómago
19. Hígado

SECCIÓN 35. PERRO DOMESTICO

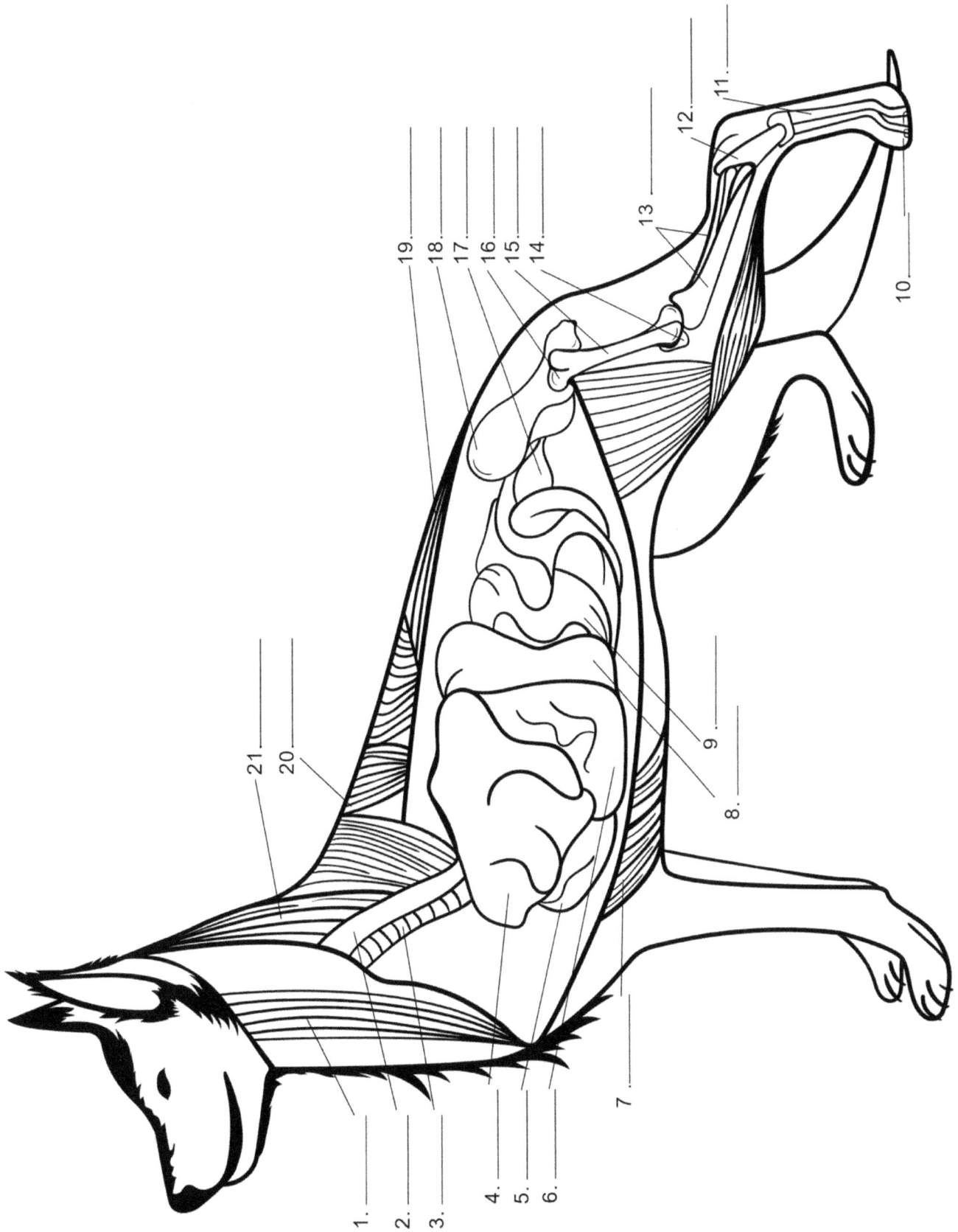

SECCIÓN 35. PERRO DOMESTICO

1. Esternomastoideo
2. Esófago
3. Tráquea
4. Livianos
5. Corazón
6. Hígado
7. Pectoral profundo
8. Estómago
9. Intestino
10. Falanges
11. Hueso metatarsiano
12. Corvejón
13. Tibia y peroné
14. Rótula
15. Fémur
16. Articulación de cadera
17. Riñón
18. Pelvis
19. Músculo longissimus e iliocostalis
20. Trapecio
21. Músculo cleidocervicalis

SECTION 36. COCODRILO

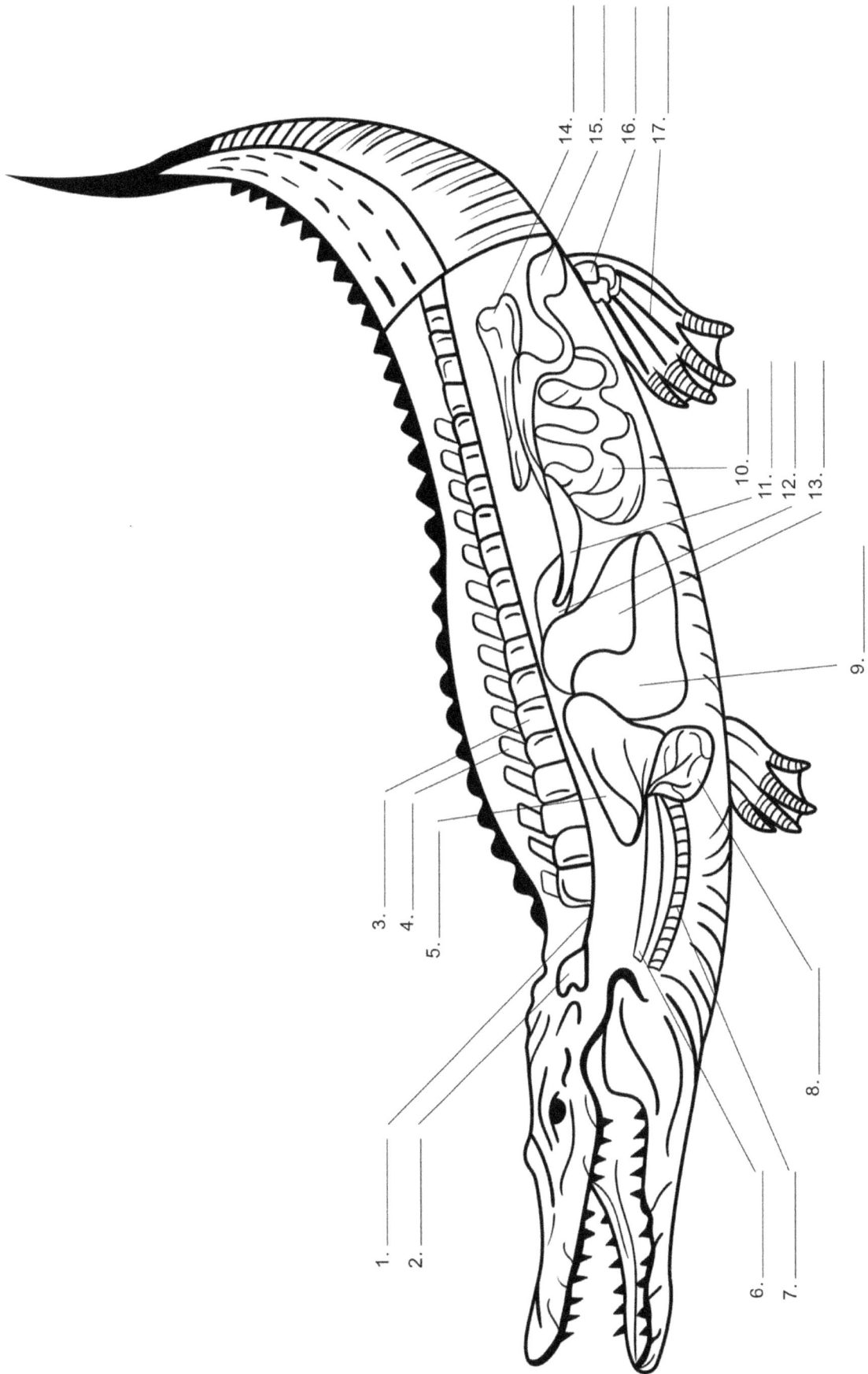

1.
2.
3.
4.
5.
6.
7.
8.
9.
10.
11.
12.
13.
14.
15.
16.
17.

SECTION 36. COCODRILO

1. Médula espinal
2. Cerebelo
3. Vértebras
4. Costillas
5. Liviano
6. Esófago
7. Tráquea
8. Corazón
9. Hígado
10. Intestino
11. Testis
12. Bazo
13. Estómago
14. Riñón
15. Cloaca
16. Tarso
17. Metatarso

SECCIÓN 37. CONEJO

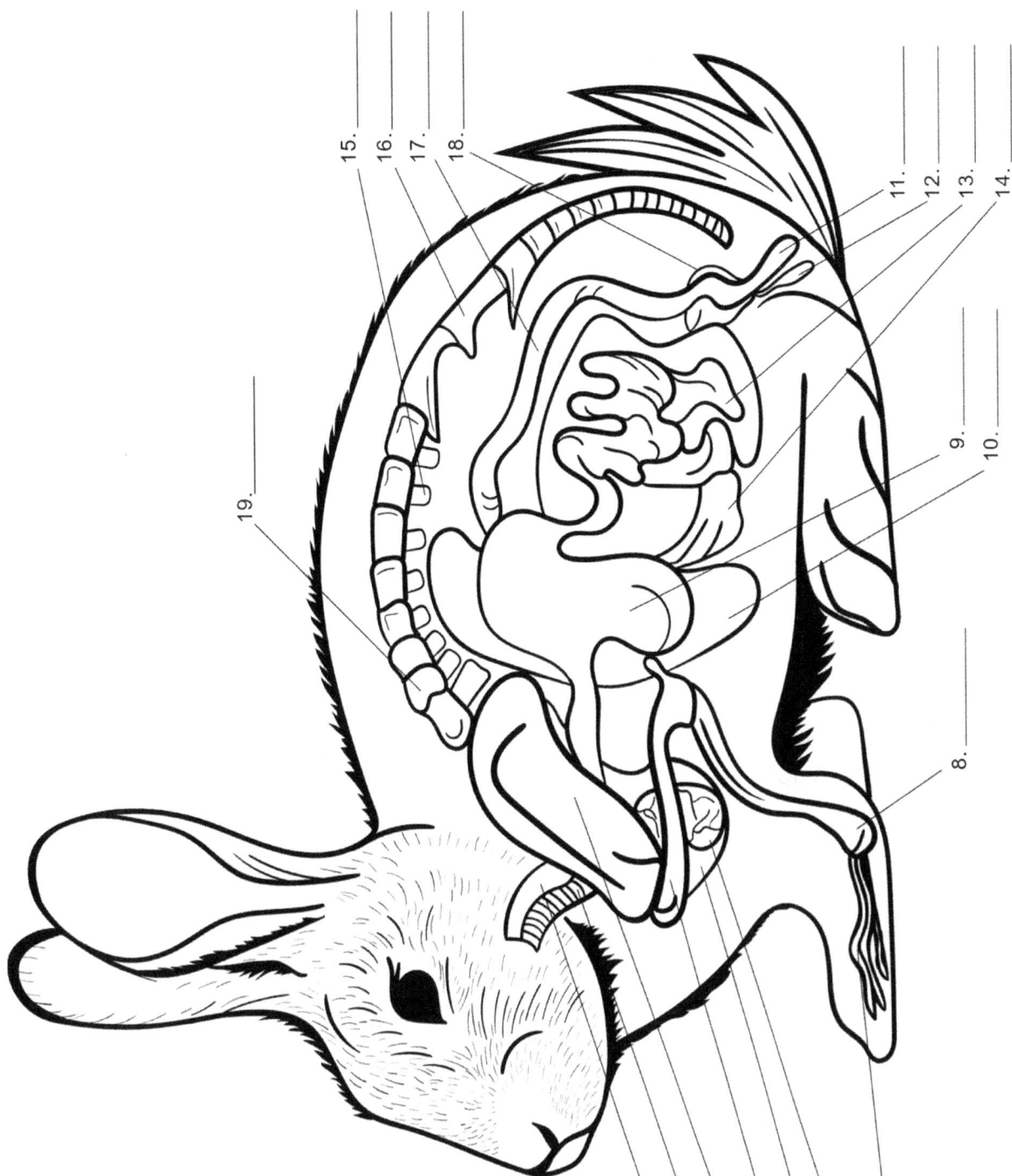

1. _____
2. _____
3. _____
4. _____
5. _____
6. _____
7. _____
8. _____
9. _____
10. _____
11. _____
12. _____
13. _____
14. _____
15. _____
16. _____
17. _____
18. _____
19. _____

SECCIÓN 37. CONEJO

1. Esófago
2. Tráquea
3. Escápula
4. Húmero
5. Liviano
6. Corazón
7. Falanges
8. Radio y cúbito
9. Estómago
10. Hígado
11. Recto
12. Uretra
13. Intestino grueso
14. Apéndice
15. Costillas
16. Columna vertebral
17. Intestino delgado
18. Vejiga
19. Vértebras

SECTION 38. PALOMA

1. _____
2. _____
3. _____
4. _____
5. _____
6. _____
7. _____
8. _____
9. _____
10. _____
11. _____
12. _____
13. _____
14. _____

SECTION 38. PALOMA

1. Esófago
2. Tráquea
3. Liviano
4. Cultivo
5. Corazón
6. Molleja
7. Riñón
8. Duodeno
9. Uréter
10. Cloaca
11. Recto
12. Páncreas
13. Hígado
14. Estómago

SECTION 39. JIRAFA

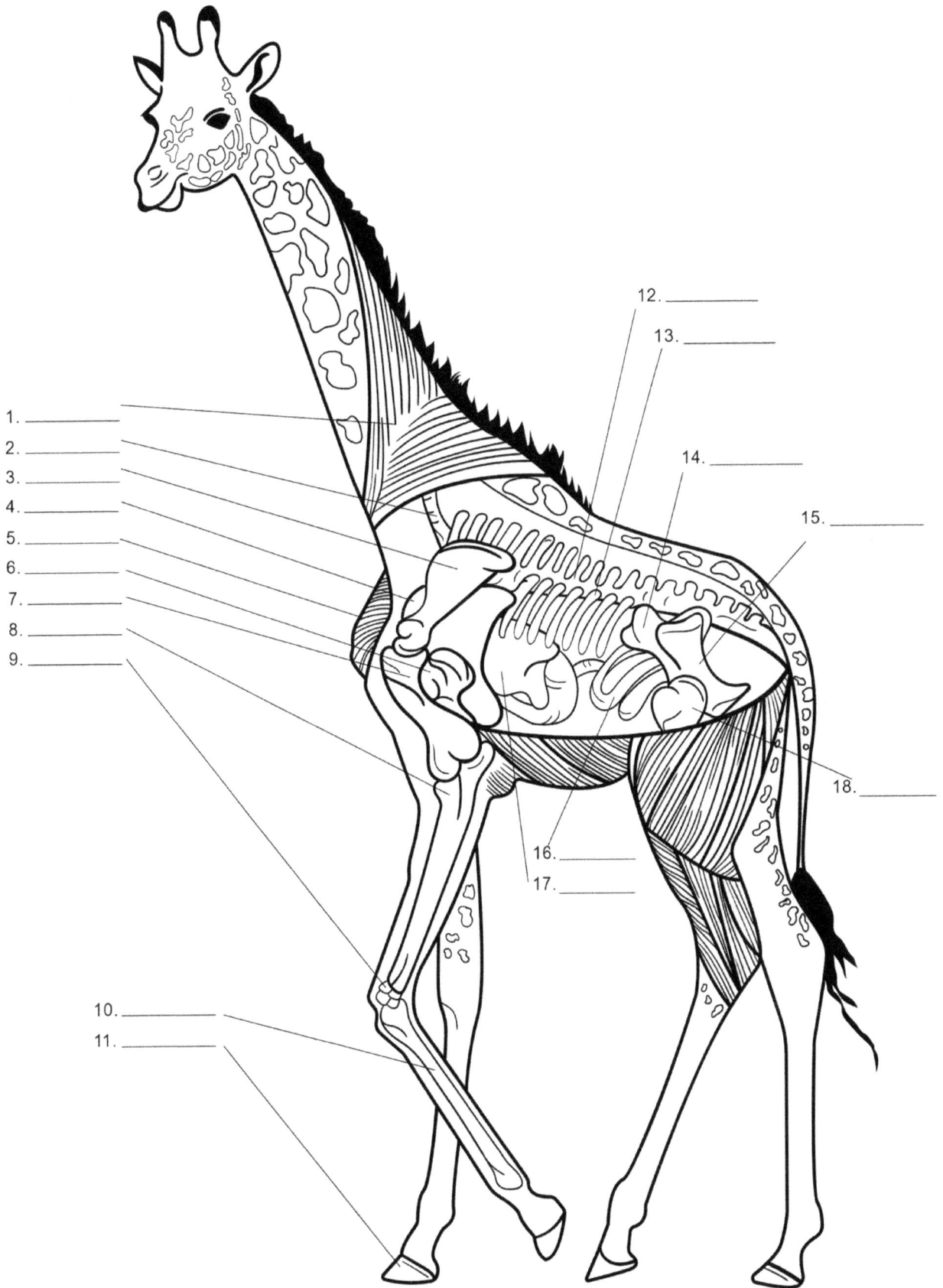

1. _____
2. _____
3. _____
4. _____
5. _____
6. _____
7. _____
8. _____
9. _____

10. _____
11. _____

12. _____
13. _____
14. _____
15. _____

16. _____
17. _____

18. _____

SECTION 39. JIRAFA

1. Trapecio
2. Esófago
3. Escápula
4. Liviano
5. Tríceps
6. Corazón
7. Húmero
8. Cúbito
9. Articulaciones del carpo
10. Metacarpo
11. Falanges
12. Vértebras
13. Costillas
14. Hueso pelvico
15. Tibia
16. Intestino
17. Estómago
18. Rótula

SECTION 40. ELEFANTE

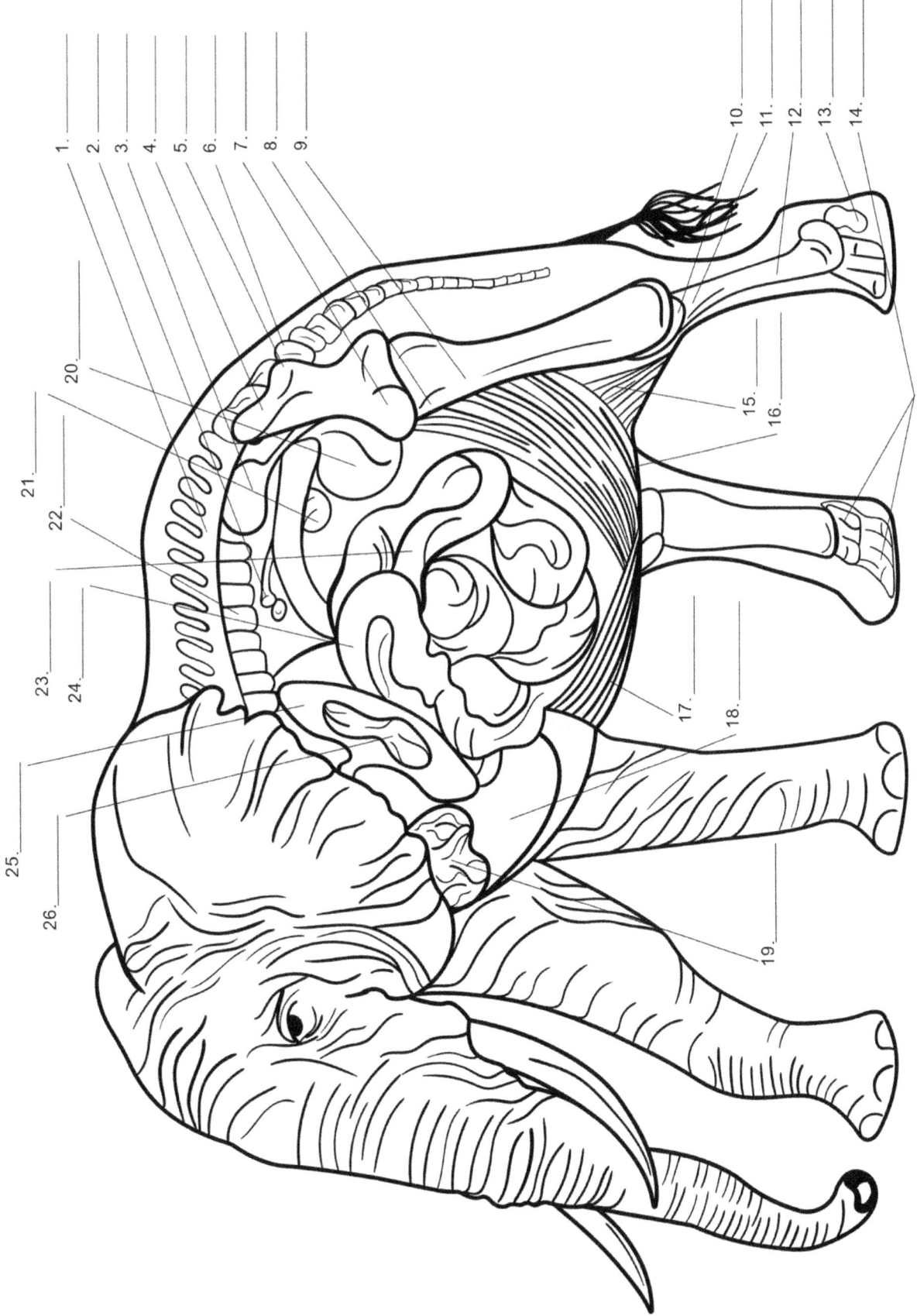

1.
2.
3.
4.
5.
6.
7.
8.
9.
10.
11.
12.
13.
14.
15.
16.
17.
18.
19.
20.
21.
22.
23.
24.
25.
26.

SECTION 40. ELEFANTE

1. Vértebras
2. Ovario
3. Riñón
4. Cresta
5. Illium
6. Sacro
7. Pelvis
8. articulación de cadera
9. Fémur
10. Rótula
11. Tuberosidad de la tibia
12. Tibia y peroné
13. Calcáneo
14. Carpianos y metacarpianos y falanges
15. Músculo vasto lateral
16. Músculo oblicuo abdominal externo
17. Pectoral
18. Liviano
19. Corazón
20. Vejiga urinaria
21. Útero
22. Costillas
23. Intestino grueso
24. Intestino delgado
25. Estómago
26. Bazo

SECTION 41. DELFÍN

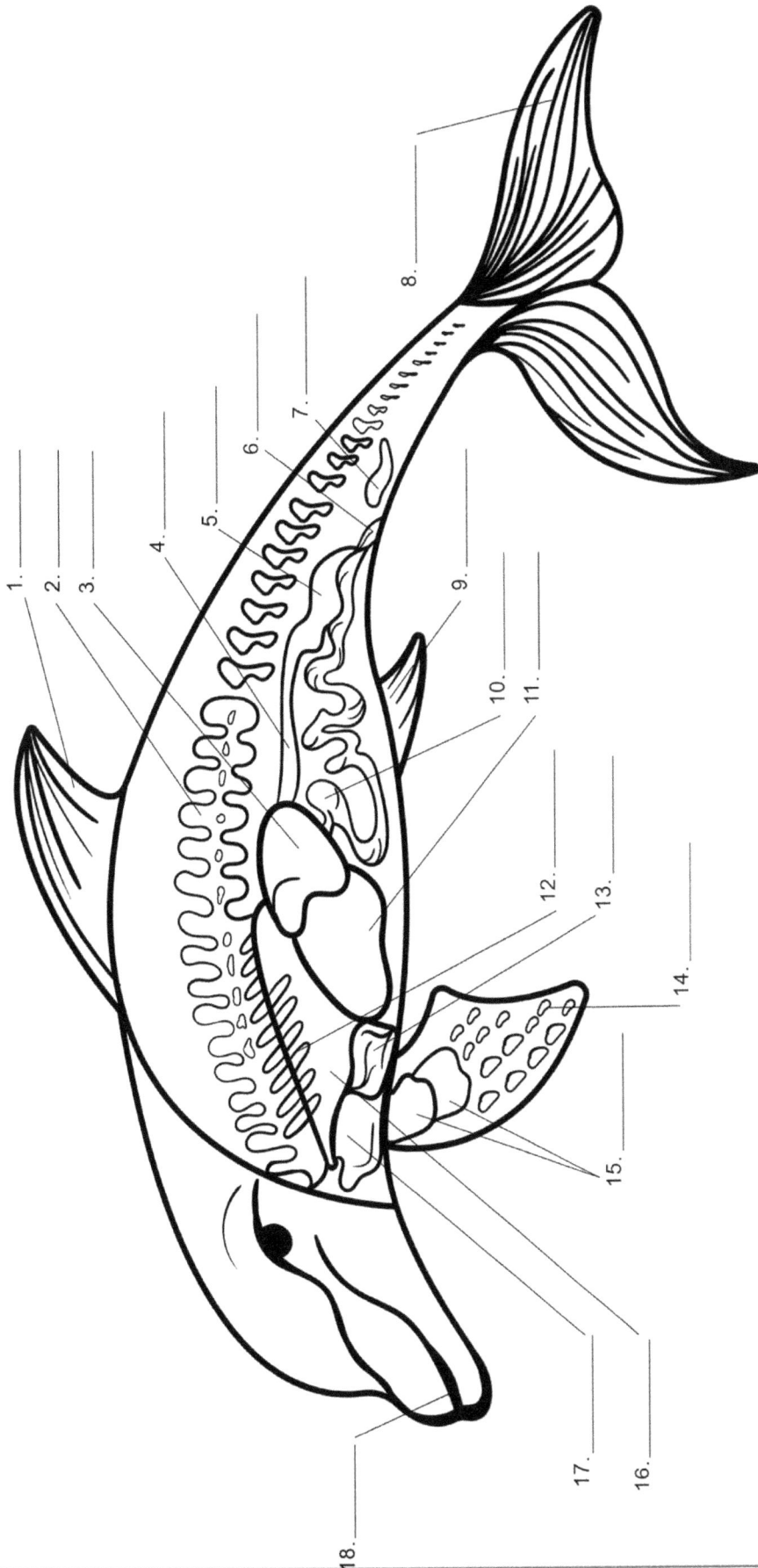

SECTION 41. DELFÍN

1. Aleta dorsal
2. Columna vertebral
3. Estómago
4. Riñón
5. Ano
6. Hendidura urogenital
7. Pelvis
8. Cola
9. Aleta
10. Intestino
11. Hígado
12. Costilla
13. Corazón
14. Aleta pectoral
15. Húmero y radio
16. Liviano
17. Escápula
18. Rostro

SECTION 42. VEJA

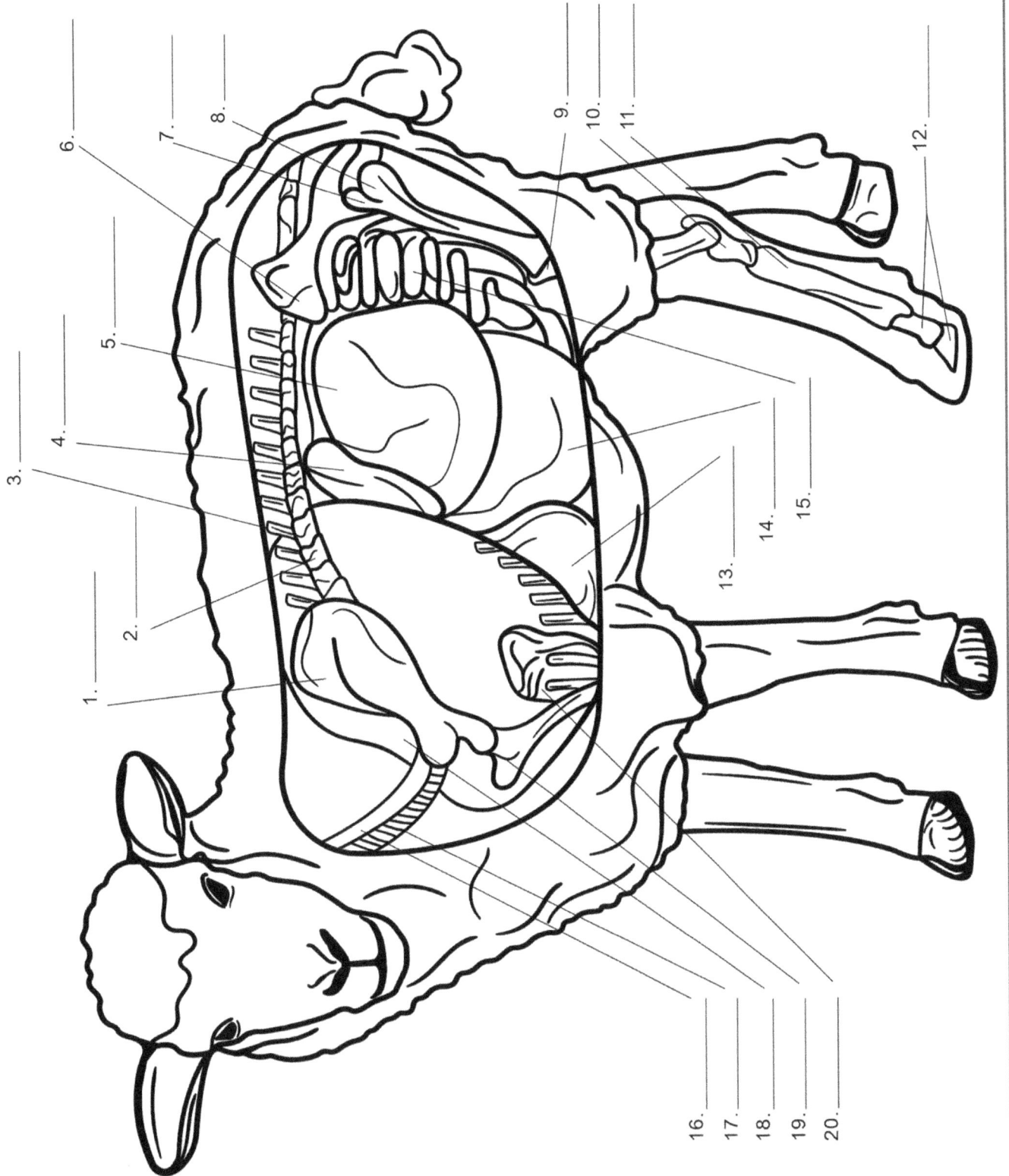

1.
2.
3.
4.
5.
6.
7.
8.
9.
10.
11.
12.
13.
14.
15.
16.
17.
18.
19.
20.

SECTION 42. VEJA

1.   Escápula

2.   La columna vertebral

3.   Costillas

4.   Bazo

5.   Saco dorsal del rumen

6.   Articulación sacroilíaca

7.   articulación de cadera

8.   Fémur

9.   Rótula

10.   Hueso del tarso

11.   Hueso metatarsiano

12.   Falanges

13.   Abomaso

14.   Saco ventral del rumen

15.   Intestino

16.   Esófago

17.   Tráquea

18.   Liviano

19.   Húmero

20.   Corazón

SECTION 43. CABRA

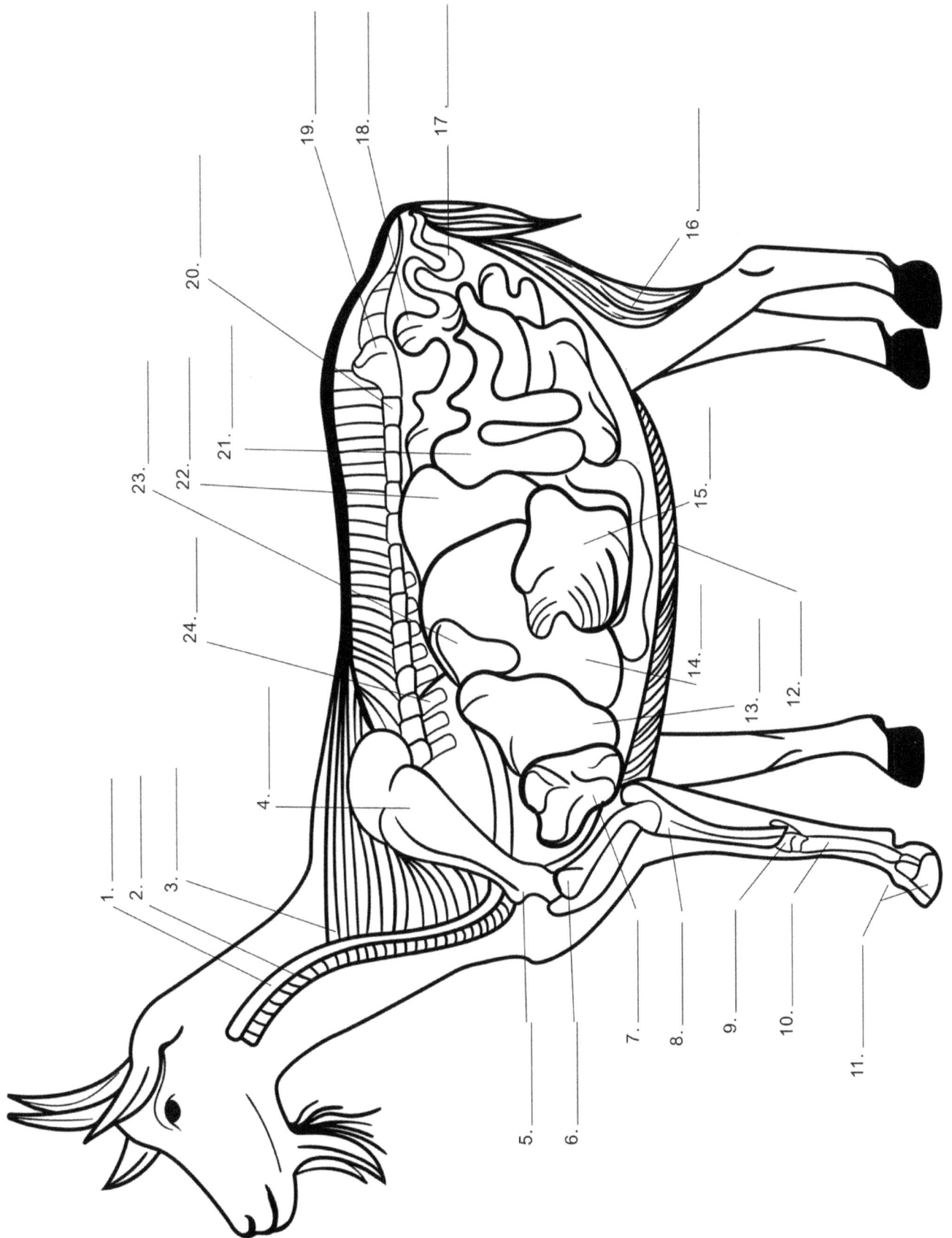

SECTION 43. CABRA

1. Esófago
2. Tráquea
3. músculo trapecio
4. Escápula
5. Acromión
6. Húmero
7. Corazón
8. Radio y cúbito
9. Huesos del carpo
10. Metacarpiano
11. Huesos de dígitos
12. Músculo pectoral ascendente
13. Retículo
14. Abomaso
15. Saco ventral del rumen
16. Músculo peroneo largo
17. Recto
18. Intestino ciego
19. Sacro
20. Vértebras
21. Intestino
22. Saco dorsal del rumen
23. Bazo
24. Costillas

SECTION 44. RATON

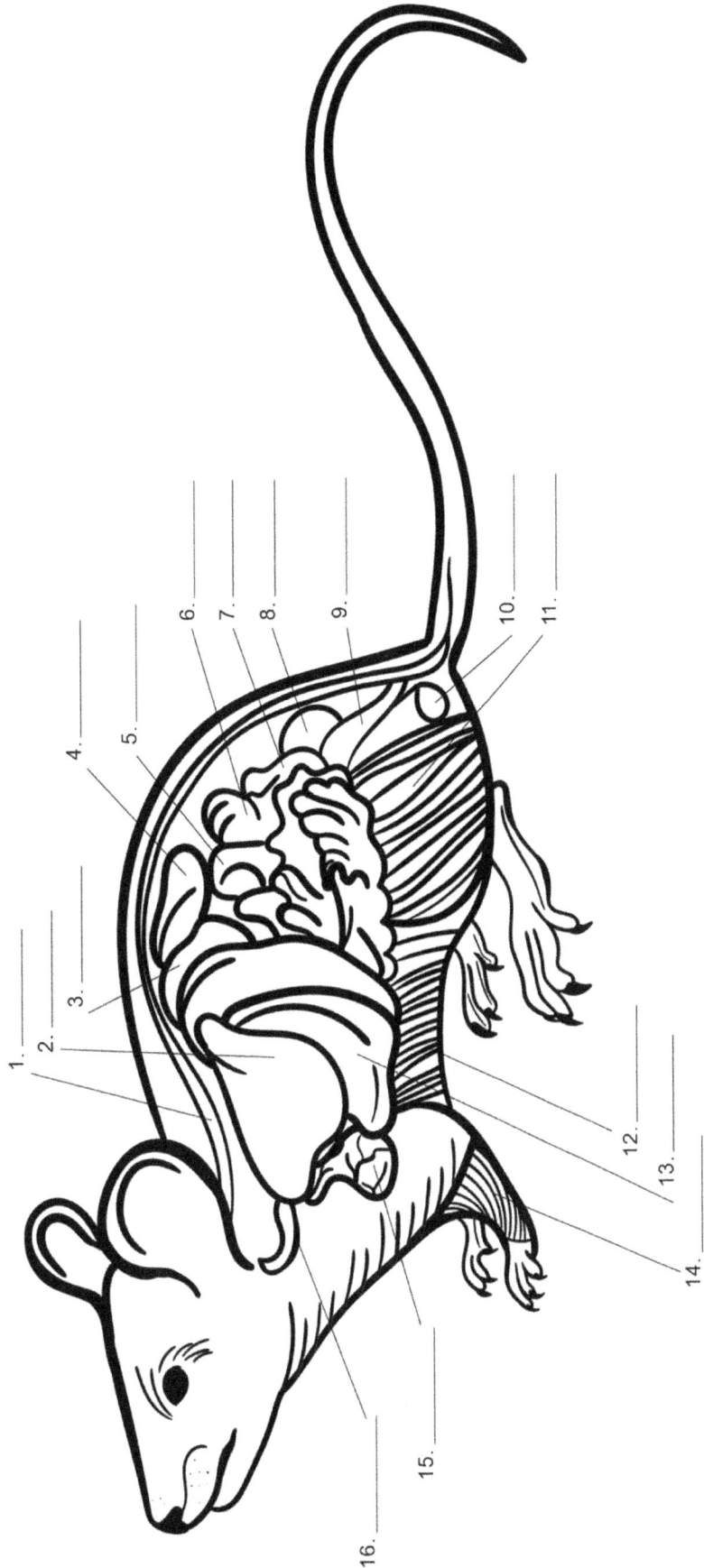

1.
2.
3.
4.
5.
6.
7.
8.
9.
10.
11.
12.
13.
14.
15.
16.

SECTION 44. RATON

1.	Médula espinal

2.	Liviano

3.	Estómago

4.	Bazo

5.	Riñón

6.	Intestino grueso

7.	Intestino delgado

8.	Intestino ciego

9.	Vejiga

10.	Glándula prepucial

11.	Bíceps femoral

12.	Oblicuo externo

13.	Hígado

14.	Bíceps braquial

15.	Corazón

16.	Tráquea

SECTION 45. PINGÜINO

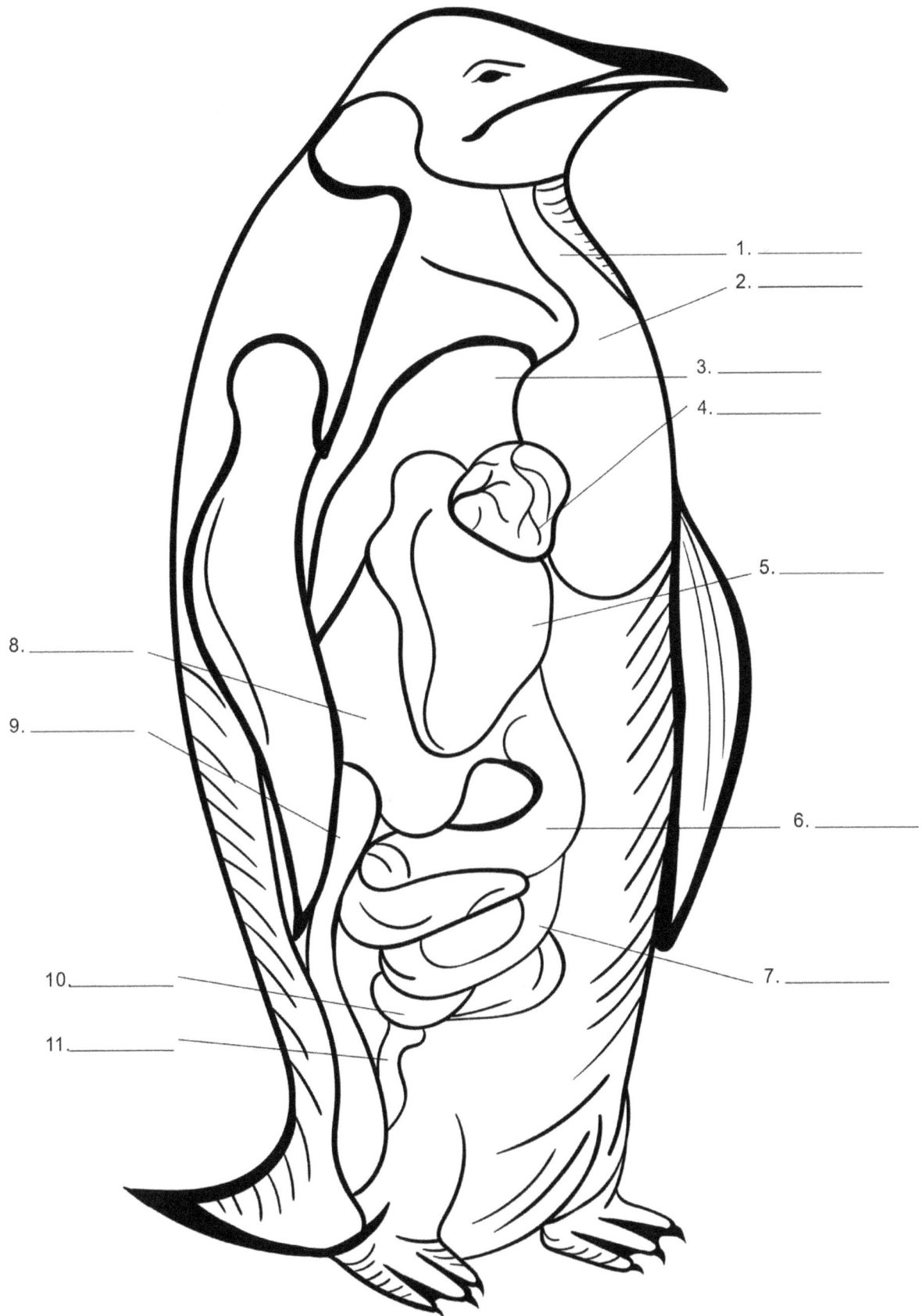

1. _____

2. _____

3. _____

4. _____

5. _____

6. _____

7. _____

8. _____

9. _____

10. _____

11. _____

SECTION 45. PINGÜINO

1. Esófago
2. Cultivo
3. Liviano
4. Corazón
5. Hígado
6. Estómago
7. Intestino delgado
8. Molleja
9. Riñón
10. Cloaca
11. Recto

SECTION 46. FOCA

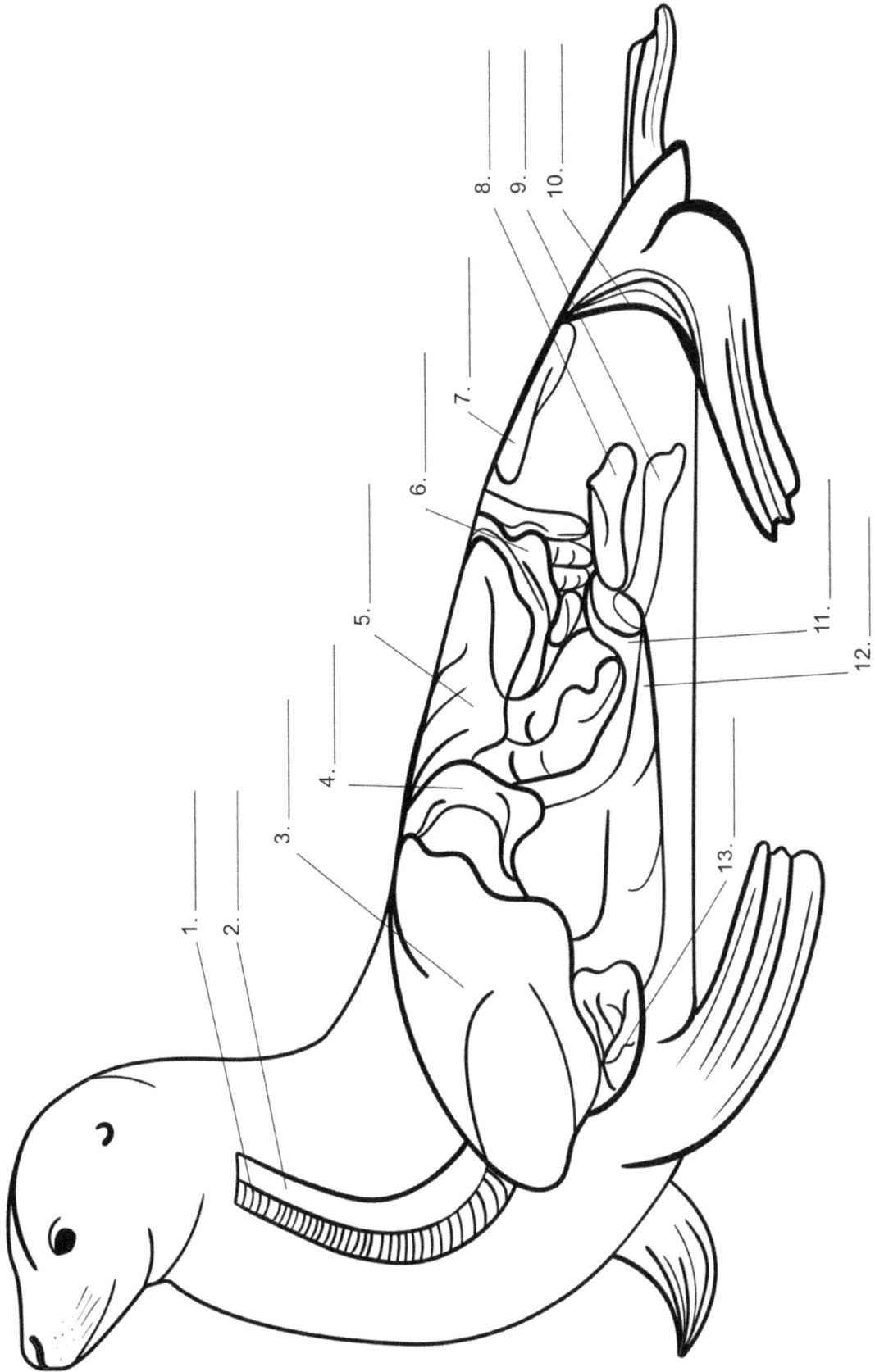

SECTION 46. FOCA

1. Esófago

2. Tráquea

3. Liviano

4. Estómago

5. Riñón

6. Intestino grueso

7. Pelvis

8. Vejiga

9. Ano

10. Músculo nadador

11. Intestino delgado

12. Hígado

13. Corazón

SECCIÓN 47. RANA

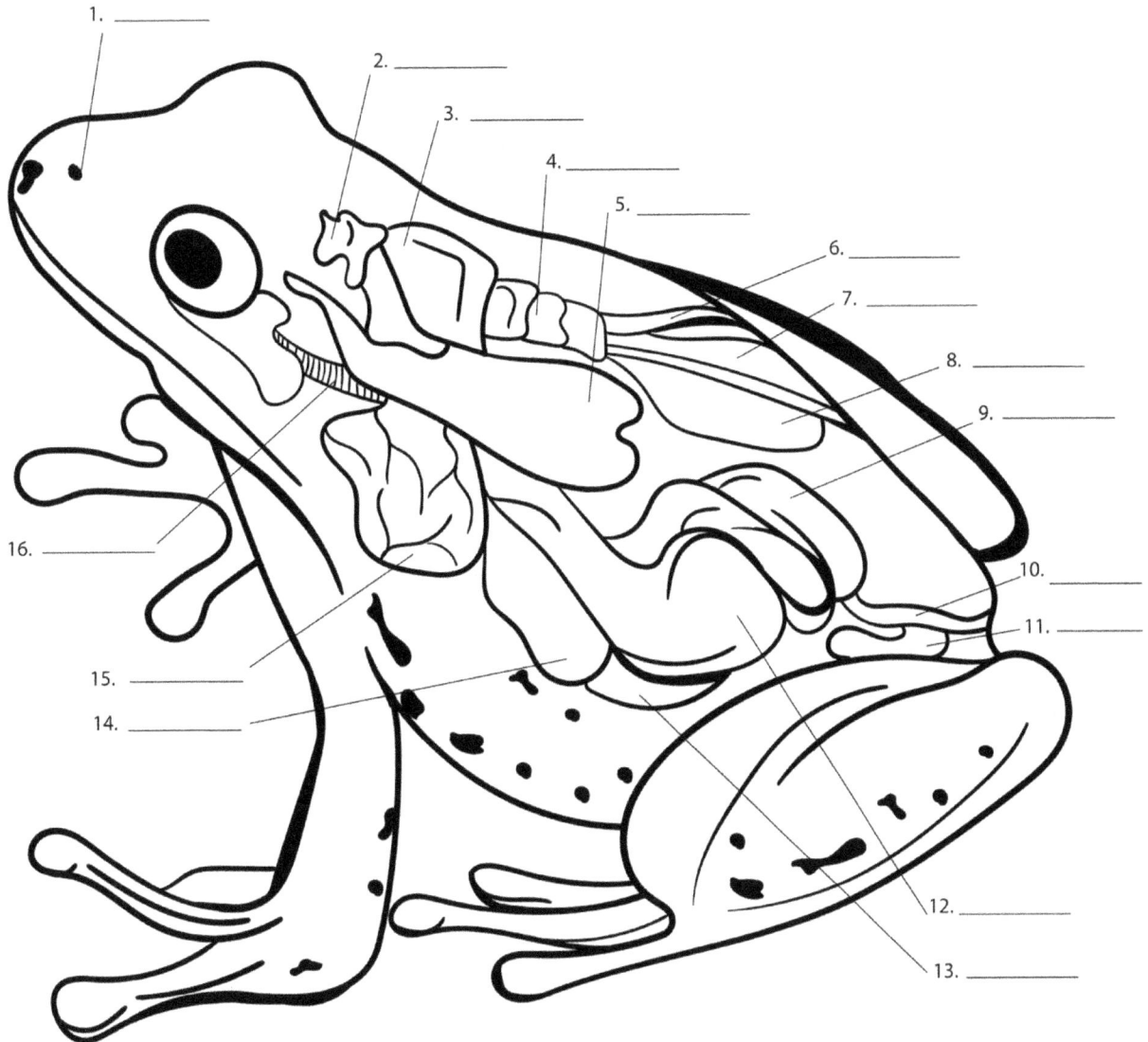

1. _____

2. _____

3. _____

4. _____

5. _____

6. _____

7. _____

8. _____

9. _____

10. _____

11. _____

12. _____

13. _____

14. _____

15. _____

16. _____

SECCIÓN 47. RANA

1. Narinas externas
2. Atlas
3. Escápula
4. Vértebras
5. Liviano
6. Urostilo
7. Sacro
8. Riñón
9. Intestino
10. Cloaca
11. Vejiga
12. Estómago
13. Páncreas
14. Hígado
15. Corazón
16. Tráquea

SECCIÓN 48. SERPIENTE

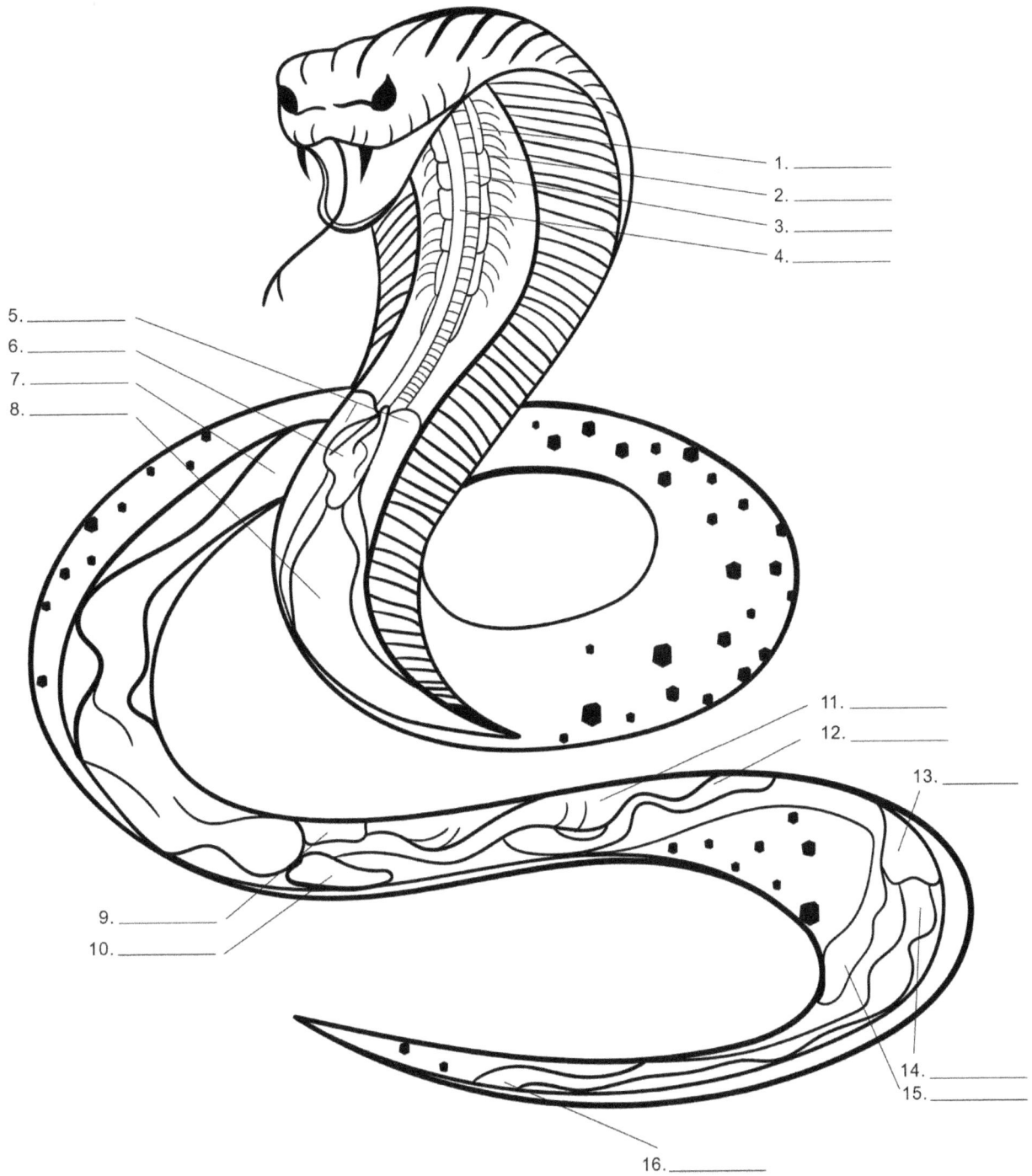

1. _____
2. _____
3. _____
4. _____

5. _____
6. _____
7. _____
8. _____

9. _____
10. _____

11. _____
12. _____
13. _____

14. _____
15. _____

16. _____

SECCIÓN 48. SERPIENTE

1. Vértebras
2. Costillas
3. Tráquea
4. Esófago
5. Livianos
6. Corazón
7. Estómago
8. Hígado
9. Páncreas
10. Vesícula biliar
11. Intestino grueso
12. Intestino delgado
13. Riñón
14. Recto
15. Testes
16. Cloaca

SECCIÓN 49. OSO

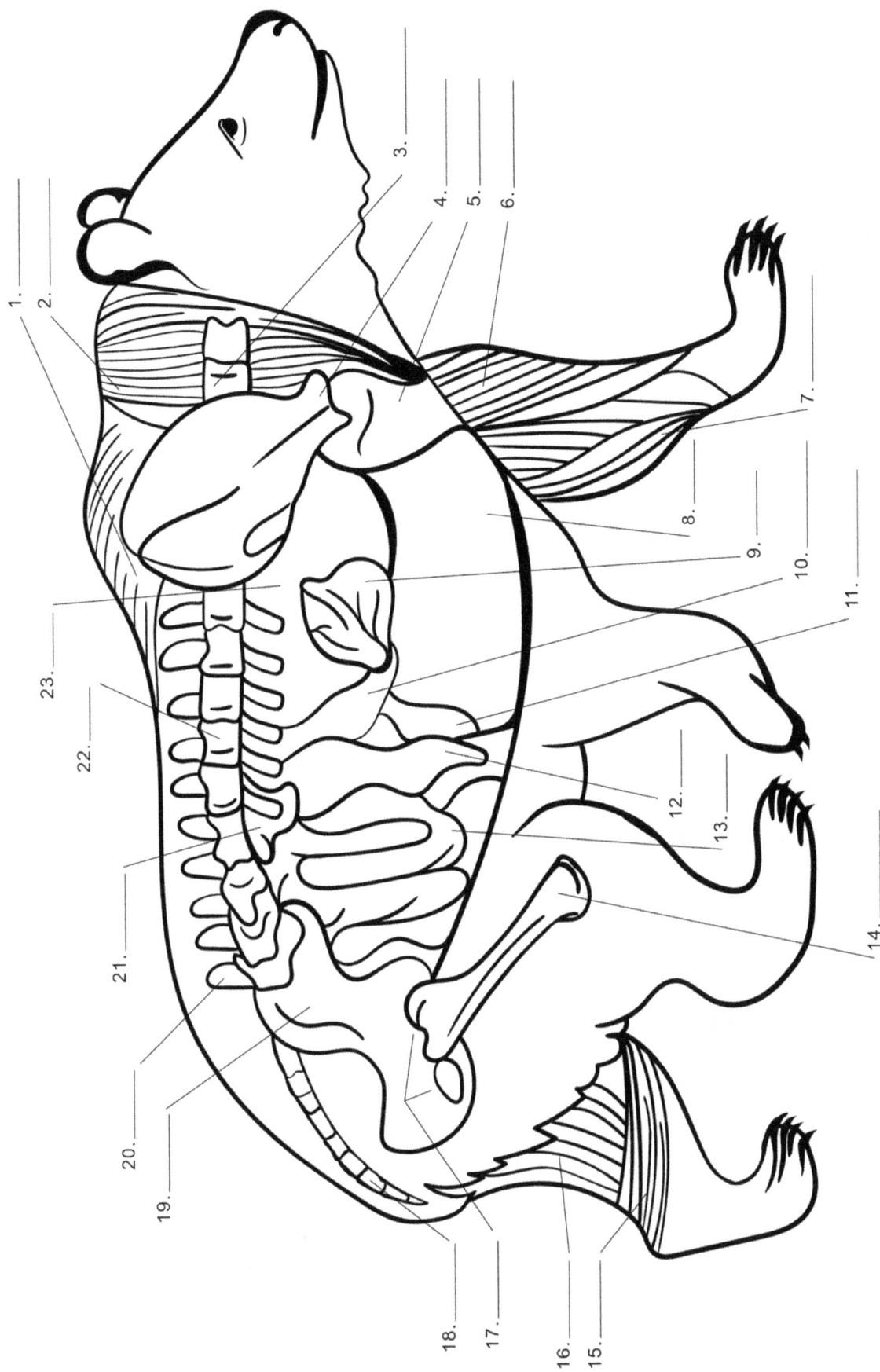

SECCIÓN 49. OSO

1. Trapecio

2. Cefalohumeral

3. vértebras cervicales

4. Escápula

5. Húmero

6. Extensor radial del carpo

7. Flexor cubital del carpo

8. Estómago

9. Corazón

10. Hígado

11. Bazo

12. Diafragma

13. Intestino

14. Fémur

15. Gastrocnemio

16. Glúteo medio

17. Pelvis e isquion

18. Vértebras caudales

19. Illium

20. Costillas

21. Riñón

22. Vértebras torácicas

23. Liviano

SECCIÓN 50. MONO

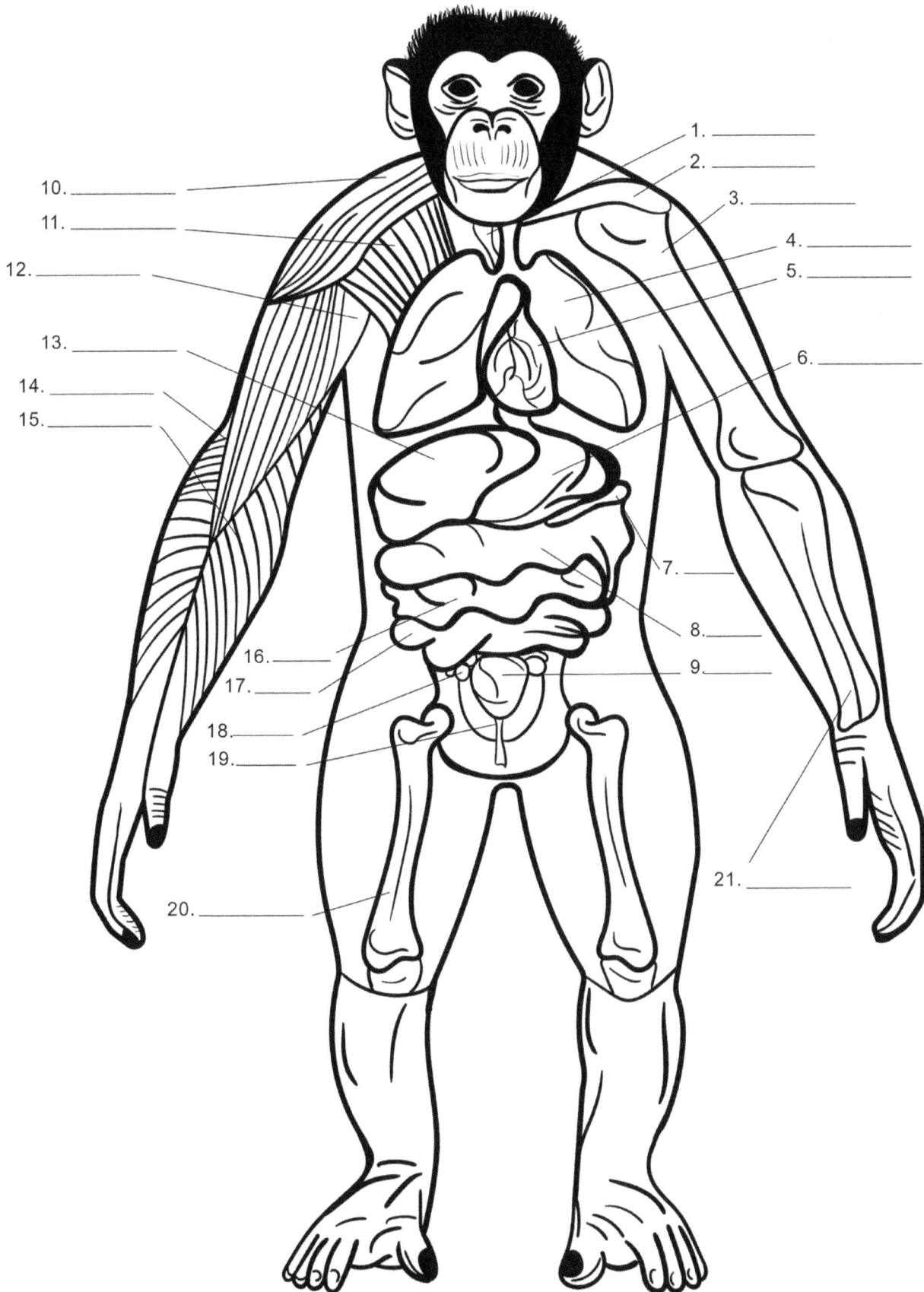

10.
11.
12.
13.
14.
15.

1.
2.
3.
4.
5.
6.

7.
8.
9.

16.
17.
18.
19.

20.

21.

SECCIÓN 50. MONO

1. Esófago
2. Clavícula
3. Húmero
4. Livianos
5. Corazón
6. Estómago
7. Bazo
8. Intestino grueso
9. Vejiga
10. Deltoides
11. Pectorales
12. Flexores de brazo
13. Hígado
14. Músculos extensores
15. Músculo flexores
16. Intestino delgado
17. Intestino ciego
18. Ovario
19. Uretra
20. Fémur
21. Radio y cúbito

SECCIÓN 51. ARDILLA

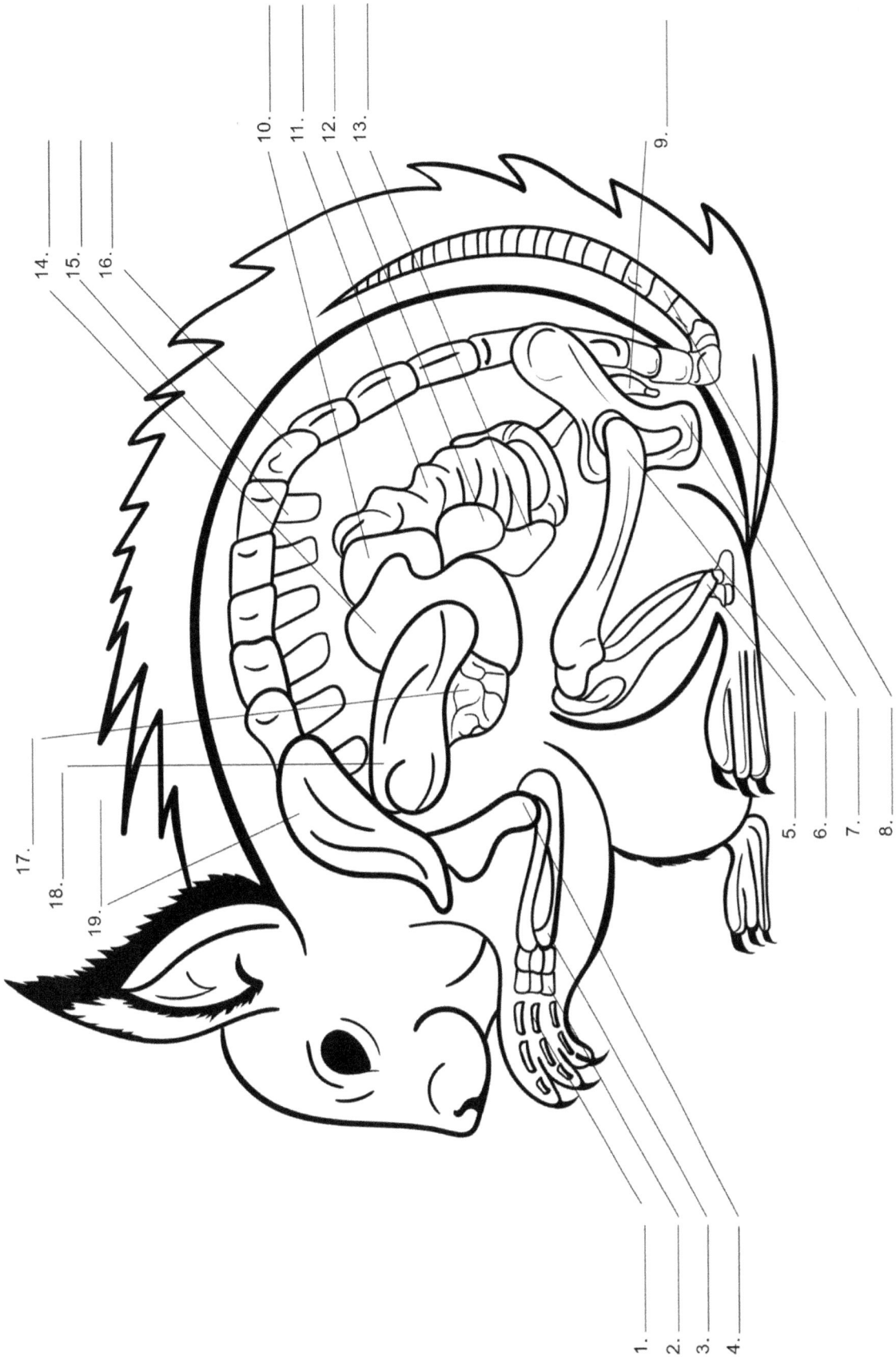

10.
11.
12.
13.

9.

14.
15.
16.

17.
18.
19.

5.
6.
7.
8.

1.
2.
3.
4.

SECCIÓN 51. ARDILLA

1. Falanges
2. Carpianos y metacarpianos
3. Radio y cúbito
4. Húmero
5. Tibia y peroné
6. Fémur
7. Isquion
8. Vértebras caudales
9. Uretra
10. Intestino grueso
11. Intestino delgado
12. Riñón
13. Hígado
14. Estómago
15. Costillas
16. Vértebras
17. Corazón
18. Liviano
19. Escápula